高等学校"十二五"规划教材·计算机软件工程系列

Android 程序设计与应用开发教程

主　编　王兴梅

副主编　董宇欣　李治军

主　审　印桂生

哈尔滨工业大学出版社

内容提要

随着计算机科学与软件行业的进步和发展,Android 已经成为智能手机操作系统中名副其实的佼佼者。本书由浅入深地介绍了 Android 的程序设计知识要点,内容共分 11 章,包括 Android 简介,Android 开发环境与常用工具,Android 应用程序,Android 的基本界面组件,Android 的界面布局,菜单、对话框、消息提示与事件处理,Activity 与 Intent,Service,Broadcast,数据存储及 Android 手机安全卫士软件的设计与开发。

本书内容详实,通俗易懂,适用于作为高等院校计算机科学与软件专业的教材,也可作为相关专业学习参考的资料。

图书在版编目(CIP)数据

Android 程序设计与应用开发教程/王兴梅主编. ——
哈尔滨:哈尔滨工业大学出版社,2013.7
ISBN 978 - 7 - 5603 - 4182 - 8

Ⅰ.①A…　Ⅱ.①王…　Ⅲ.①移动终端 – 应用程序 –
程序设计 – 高等学校 – 教材　Ⅳ.①TN929.53

中国版本图书馆 CIP 数据核字(2013)第 166354 号

策划编辑　王桂芝
责任编辑　李广鑫
出版发行　哈尔滨工业大学出版社
社　　址　哈尔滨市南岗区复华四道街 10 号　邮编 150006
传　　真　0451 - 86414749
网　　址　http://hitpress.hit.edu.cn
印　　刷　哈尔滨工业大学印刷厂
开　　本　787mm×1092mm　1/16　印张 12.75　字数 300 千字
版　　次　2013 年 7 月第 1 版　2013 年 7 月第 1 次印刷
书　　号　ISBN 978 - 7 - 5603 - 4182 - 8
定　　价　28.00 元

◎ 前 言

Preface

随着移动通信产业的发展,智能手机渐渐地凭借其日益完善的功能和不断降低的价格,成功地占据了大部分手机市场,市场调研机构 Gartner 日前发布了 2012 年第一季度全球手机市场数据,2012 年第一季度全球共售出手机 4.19 亿部,其中智能手机 1.44 亿部,约占 34%。而在智能手机市场中,Android 以 56.1% 的市场份额称雄,iPhoneOS 的份额为 22.9%,Symbian 为 8.6%,RIM 为 6.9%,新秀 Windows Phone 则为 1.9%。在科技日新月异的今天,Android 引领着智能手机操作系统的发展方向。

Android 是 Google 发布的一个开源代码的手机平台,由 Linux 内核、中间件、应用程序框架、应用程序四层组成,是第一个可以完全定制、免费和开放的手机平台。Android 不仅能够在智能手机中使用,也可以在平板电脑、便捷式媒体播放器以及汽车电子等其他手持设备上使用。

本书基于 Android SDK 的 2.3.3 版本,全面而详实地介绍了 Android 程序设计与应用开发所涉及的各方面内容,包括开发环境与常用工具,基本界面组件和界面布局,菜单、对话框、消息提示与事件处理,Activity 与 Intent,Service,Broadcast,数据存储等核心内容。从外至内、由表及里地叙述了 Android 程序设计与应用开发的各种特性,将重要的知识点以实例的形式呈现给读者,在易于出错和难于理解的代码上配有详细的注释,有助于深入理解 Android 编程思想和开发技巧,所有代码均在 Android SDK 2.3.3 环境中通过测试。书中综合实例软件的设计与开发体现了创新性,并注重对学生实际动手能力的培养。通过本书每章内容的学习,使读者逐渐进入 Android 的世界。

全书内容共分 11 章:第 1 章在对比分析目前主流手机操作系统之后,介绍 Android 的起源和发展,详细说明基于 Android 的应用;第 2 章介绍 Android 开发环境的安装和配置;第 3 章介绍使用 Eclipse 创建 Android 应用程序的过程和方法,以及 Android 应用程序的结构和 Android 四大组件;第 4 章介绍 Android 平台下用户界面的 MVC 模型,重点叙述 Android 中基本界面组件的使用方法;第 5 章介绍 Android 平台下的 View 类和 ViewGroup 类,重点叙述 Android 中的各种界面布局;第 6 章介绍用户界面中菜单与对话框的应用;第 7 章介绍 Android 程序的进程及其优先级;第 8 章介绍 Android 平台下的 Service 的生命周期,详细叙述 Service 的创建和使用;第 9 章介绍 Android 平台下的 Broadcast 与 BroadcastReceiver,详细叙述系统 Broadcast 的使用及自定义 Broadcast 的使用;第 10 章介绍 SharedPreferences 存储、文件存储、SQLite 存储及 ContentProvider;第 11 章以"Android 手机安全卫士软件的设计与开发"为实例,介绍 Android 程序设计与应用开发过程中需求分析、软件设计和核心功能的开发与实现,详细叙述了 Android 的程序设计思路和应用开发方法。

本书由哈尔滨工程大学王兴梅担任主编,哈尔滨工程大学董宇欣和哈尔滨工业大学李治军担任副主编,哈尔滨工程大学印桂生担任主审。同时,参与本书编写和校对工作的还有丛远东、刘冠君、宁海明、沙与海、冯婧姣、王亚晨和郑君,这里对他们的辛苦工作表示衷心的感谢。该书获中央高校基本科研业务费专项资金资助(HEUCF100606),在此表示感谢。

Android 是一个新兴的手机平台,各个方面还在不断发展和变化,由于编者水平所限,虽然竭尽全力,仍难免存在疏漏和不足之处,希望各位专家、读者能毫不保留地提出,与编者共同讨论。

编　者

2013 年 5 月

◎目 录

Contents

第 1 章

Android 简介

▶▶▶

学习目标：
▶ 了解手机操作系统
▶ 了解 Android 的起源
▶ 了解 Android 的发展
▶ 掌握基于 Android 的应用

Android 是基于 Java 语言运行在 Linux 内核上的操作系统,这个操作系统是轻量级的,但是功能却很全面。通过本章的学习可以使开发者对手机操作系统、Android 的起源和发展有一个系统的认识,从而掌握基于 Android 的应用,包括开发 Android 应用程序、参加 Android 开发者大赛和使用 Google Play Store。

1.1 手机操作系统

智能手机市场经过几年激烈的竞争,传统的手机巨头(如 Nokia、Motorola 等)也在与新兴手机厂商(Apple、RIM 等)的竞争中逐渐退到了主流市场的边缘。在竞争中,虽然配置、价格、外观都或多或少有些影响,但是最关键的是操作系统。

市场上主流的操作系统主要有:Symbian、iPhone-OS、Android 等。老迈的 Symbian 已经越来越显得力不从心了,其在高端市场上开始节节败退,只能在中低端市场与其他品牌竞争,但是中低端市场的利润是十分有限的,利润少了,投入研发的成本肯定会进一步受限制,这样的恶性循环,让 Symbian 陷入了迷茫期。Symbian的用户界面如图 1.1 所示。

2007 年,苹果公司的 iPhone 上市后 iPhoneOS 凭借 iPhone 优秀的用户体验和 App Store 在线商店模式获得了巨大的成功,特别值得一提的是 App Store 应用开发的分成模式刺激了开发者不断地进入 iPhone 开发,苹果公司顺应了"终端＋应用"的智能手机发展趋势,

图 1.1 Symbian 的用户界面

取得了快速的发展,但 iPhoneOS 也遇到许多问题,首先 iPhoneOS 属于半开放的操作系统,实现移动互联网产业链上各环节的普赢还是较为困难的,其次 iPhone 定价较高,短期内难以满足中低端市场的需求。iPhoneOS 的用户界面如图 1.2 所示。

　　而对于 Android,不仅拥有低廉的引入成本、良好的用户体验和开放性较强的特点,还有 Android Market 和众多第三方应用商店作为后盾,并且在应用方面的资源也非常丰富。虽然 Android目前存在安全性和版本混乱等问题,但由于其适应了移动互联网的发展趋势,切合了移动互联网产业链中各方的发展变化需求,所以取得了迅猛的发展。

　　Android 除了受到用户的关注外,随着采用 Android 的 Google 手机、平板电脑等产品的出现,在逐渐扩大了市场占有率的同时,更是受到无数开发者的追捧,越来越多的开发者加入到 Android 的阵营中来,Android 人才的缺口问题也日益显现。据业内统计,目前国内的 3G 研发人才缺口有三四百万,其中 Android 研发人才缺口至少 30 万。Android 的用户界面如图 1.3 所示。

图 1.2　iPhoneOS 的用户界面　　　　　图 1.3　Android 的用户界面

1.2　Android 的起源

　　Android 一词最早出现于法国作家利尔亚当(Auguste Villiersdel' Isle-Adam)在 1886 年发表的科幻小说《未来夏娃》中,他将外表像人的机器起名为 Android。那本书中的 Android 又是指什么? 2007 年以前也许并没有太多的人知道,但在今天,Android 这个词已经被我们所熟识。无论是在智能手机领域,还是平板电脑、电子阅读设备,甚至上网本上,它的才华都展露无遗。自从 Android 上市以来,它凭借其开放性及其丰富的应用,迅速占据了市场,也被越来越多的开发者所接受。据 2011 年 11 月的统计数据,Android 已占据全球智能手机操作系统市场 52.5% 的份额,中国市场占有率为 58% 。

　　Android 为何如此成功,原因之一是它的创造者——Google,Android 操作系统最初由 AndyRubin 开发,主要支持手机。2005 年由 Google 收购注资,逐渐扩展到平板电脑及其他领域上。Google 在 2007 年 11 月 5 日正式宣布开放手机联盟(Open Handset Alliance,OHA)成立,并且随后在 OHA 的旗下公布了全新的 Android 操作系统。

　　OHA 是由全世界顶尖的硬件、软件和电信公司组成的联盟,致力于为移动设备提供先进的开放式标准,开发可以显著降低移动设备以及移动服务开发和分发成本的技术。OHA 目前由 65 家业界相关公司组成。中国三大手机运营商中国移动、中国电信和中国联通都是 OHA

的成员,中国移动还是 OHA 的创始成员。OHA 的部分成员如图 1.4 所示。

图 1.4　OHA 的部分成员

1.3　Android 的发展

Android 推出之后,版本升级非常快,几乎每隔半年就有一个新的版本,先后经历了 1.0、1.2、1.5、1.6、2.1、2.2、2.3 等版本,截至 2011 年 12 月,Android 版本已经更新到 4.0,但从目前市场主流来看,2.3 版本仍占据着半壁江山。

从 Android 1.5 版本开始每个系统版本都有一个用美国传统食物命名的代号,比如 1.5 是 Cupcake(纸杯蛋糕),1.6 是 Donut(甜甜圈),2.1 是 éclair(松饼),2.2 是 Froyo(冻酸奶),2.3 是 Gingerbread(姜饼),3.x 是 Honeycomb(蜂巢)。Google 还将所有发布的 Android 系统代号做成模型放在位于加州山景城的 Google 总部的草坪上,陪伴在 Android 小绿人旁边,如图 1.5 所示。

图 1.5　小绿人及 Android 系统代号模型

最初 Android 的推出面临着很多的问题,如不具有 iPhoneOS 中的诸多应用,也缺乏用户想要的一些使用功能等,但是,时过境迁,如今的 Google 已经将 Android 打造得更具有应用价值,目前已经具有了超过 iPhoneOS 的功能。并且经过这些年的努力,Google 终于将其在搜索引擎领域内的成功复制到了移动战略之中。

1.4   基于 Android 的应用

对手机操作系统、Android 的起源和发展有了初步的了解之后,在 Android 的领域里,进一步介绍基于 Android 的应用。

1.4.1   开发 Android 应用程序

Android 是基于 Linux 内核的开放源代码操作系统,图 1.6 是 Android 的系统结构。其层次结构自上而下可以分为四层。第一层是应用程序层,提供利用 Java 语言编写的一系列最核心的应用程序;第二层是应用程序框架层,提供 Android 基本的管理功能和组件重用可替换机制;第三层是中间件层,由函数库和 Android 运行环境构成;第四层是 Linux 内核,提供由操作系统内核管理的底层最核心、最基础的功能。

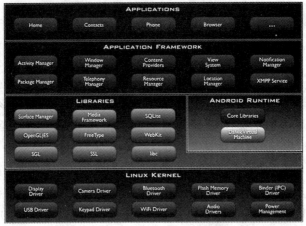

图 1.6   Android 的系统结构

其中,第一层应用程序层通常涉及用户界面和用户交互,这类程序是用户实实在在能够感受到的。Android 本身提供了桌面(Home)、联系人(Contact)、电话(Phone)和浏览器(Browers)等众多的核心应用。同时还可以使用应用程序框架层的 API 利用 Java 语言实现自己的应用程序开发,这也是 Android 开源的巨大潜力的体现。Android 这种开放而强大的平台给每一个程序开发者提供了公平的机会,每一个开发者都可以加入移动互联网的世界,共同推动移动互联网的发展。

基于 Android 可以开发出丰富多彩的应用,这些应用涉及游戏、管理、互联网等,当然这一切都取决于开发者的自由发挥和创意。

1.4.2   参加 Android 开发者大赛

2007 年 11 月 13 日,Google 宣布举办总奖金为 1 000 万美元的 Android 开发者大赛,邀请开发者们为业界第一个完全开放并免费的 Android 系统开发移动应用。在第一届 Android 开发者大赛中,Google 花费 375 万美元重奖 20 项 Android 开发者,有 10 项 Android 应用每项获得 27.5 万美元奖金,另外 10 项应用每项获得 10 万美元奖金。随后在 Google 发布 Android 2.0 不久,Google 举办了第二届 Android 应用开发者大赛,一个能将夜晚收到的电话转为语音邮件的应用成为总冠军,获得 25 万美元奖金。

除了大型的比赛外,还有许多适合大学生参加的比赛,如 Android 应用开发中国大学生挑战赛,2010 年 9 月,Google 公司特意面向有创意和想实践的中国大学生举办了第一届 Android 应用开发中国大学生挑战赛,为校园里对 Android 应用开发感兴趣的同学们提供了一个学习和分享的平台,大赛有来自 200 多所大学的 900 支参赛团队提交了自己设计的基于 Android 的应用作品,随后在 2011 年成功举行了第二届 Android 应用开发中国大学生挑战赛。这些大赛的举办为所有加入 Android 开发阵营中的开发者提供了机会和发展空间。

1.4.3　使用 Google Play Store

2012 年 3 月 7 日 Google 把原在线商店 Android Market 更名为 Google Play Store,并于 2012 年 3 月 13 日起正式开始使用。Google Play Store 是一个由 Google 为 Android 用户创建的服务,允许安装了 Android 操作系统的手机和平板电脑用户从 Google Play Store 上浏览和下载一些应用程序,任何用户都可以购买或者免费试用这些应用程序, 从而获得 Android 应有的收益。

从另一个角度看,iPhone 之前开发的 App Store,可以让用户通过电脑来发现并购买应用,而 Google 推出的这个新版 Google Play Store 目的在于实现 iPhone 的 App Store 功能,有利于加强 Google 在移动领域内与 iPhone 的竞争实力。

习　　题

1. 在众多的手机操作系统中,Android 操作系统有什么优势?
2. 在 Android 操作系统的领域,我们可以做些什么?

第 2 章

Android 开发环境与常用工具

学习目标：
► 掌握 Android 开发环境的安装和配置方法
► 掌握 Android 常用工具

Android 开发环境的安装和配置以及常用工具的使用是开发 Android 应用程序必备的第一步。通过本章的学习可以使读者对 Android 开发环境的安装、配置，以及 Android SDK 提供的常用工具的使用有一个深入系统的掌握。

2.1　Android 开发环境的安装和配置

在开发 Android 应用程序之前，需要在 PC 机上安装开发环境。安装 Android 开发环境，首先需要安装支持 Java 应用程序运行的 Java 开发工具包 JDK(Java Development Kit, JDK)，然后安装集成开发环境 Eclipse，安装 Android SDK(Software Development Kit, SDK) 和 Eclipse 的 ADT(Android Development Tools, ADT)插件，最后在 Eclipse 中配置 Android SDK。

2.1.1　JDK 的安装

JDK 是 Sun Microsystems 针对 Java 开发者的产品。JDK 是整个 Java 的核心，包括了 Java 运行环境、Java 工具和 Java 基础的类库。JDK 可以从网址 http://www.oracle.com/technetwork/java/javase/downloads/index.html 上进行下载，注意应选择符合自己 PC 机的版本(本书以 Win7 旗舰版作为参照)。

下载后按照安装提示一步一步完成，安装完成后，需要进行如下的设置：

选择控制面板→系统和安全→系统→高级系统设置→环境变量，添加系统环境变量，JAVA_HOME值为：C:\ProgramFiles\Java\jdk1.7.0(以 JDK 实际安装目录为准)；CLASSPATH值为：.;%JAVA_HOME%\lib\tools.jar;%JAVA_HOME%\lib\dt.jar;%JAVA_HOME%\bin；PATH 值为：在开始追加 %JAVA_HOME%\bin。

设置完成之后，可以检查一下 JDK 是否安装成功。打开 CMD 窗口，输入 java - version 查看 JDK 的版本信息，如果显示如图 2.1 所示界面，则表示已安装成功。

图 2.1　JDK 版本信息

2.1.2　Eclipse 的安装

Eclipse 是一个开放源代码和基于 Java 的可扩展开发平台。就其本身而言,它只是一个框架和一组服务,用于通过插件组件构建开发环境。另外,Eclipse 附带了一个标准的插件集,包括 Java 开发工具(Java Development Tools,JDT)。

Eclipse 可以从网址 http://www.eclipse.org/downloads/上进行下载,其中同样需要注意应选择符合自己 PC 的版本。图 2.2 是 Eclipse 的下载页面,下载解压之后即可使用。

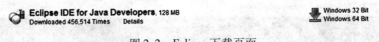

图 2.2　Eclipse 下载页面

2.1.3　Android SDK 的安装

SDK 是 Android 软件开发工具包。它被软件开发者用于为特定的软件包、软件框架、硬件平台、操作系统等建立应用软件开发工具的集合。因此,Android SDK 指的是 Android 专属的软件开发工具包。Android SDK 可以从 Android Developers 上进行下载,网址为:http://developer.android.com/sdk/index.html。图 2.3 是 Android SDK 下载页面。

Platform	Package	Size	MD5 Checksum
Windows	android-sdk_r16-windows.zip	29562413 bytes	6b926d0c0a871f1a946e65259984701a
	installer_r16-windows.exe (Recommended)	29561554 bytes	3521dda4904886b05980590f83cf3469
Mac OS X (intel)	android-sdk_r16-macosx.zip	26158334 bytes	d1dc2b6f13eed5e3ce5cf26c4e4c47aa
Linux (i386)	android-sdk_r16-linux.tgz	22048174 bytes	3ba457f731d51da3741c29c8830a4583

图 2.3　Android SDK 下载页面

当在下载页面中选择 ZIP 格式的版本时,无需安装,只需解压到固定的路径上即可。解压完成后,根据实际安装的路径在系统环境变量中添加 PATH 的值为:C:\androidSDK\android-sdk-windows\tools。图 2.4 是 SDK 环境变量配置。

环境变量配置完成之后,可以打开 CMD 窗口,检测 Android SDK 是否安装成功,在 CMD 窗口中输入 android - h,如果显示如图 2.5 所示界面,则表示已安装成功。

图 2.4　SDK 环境变量配置

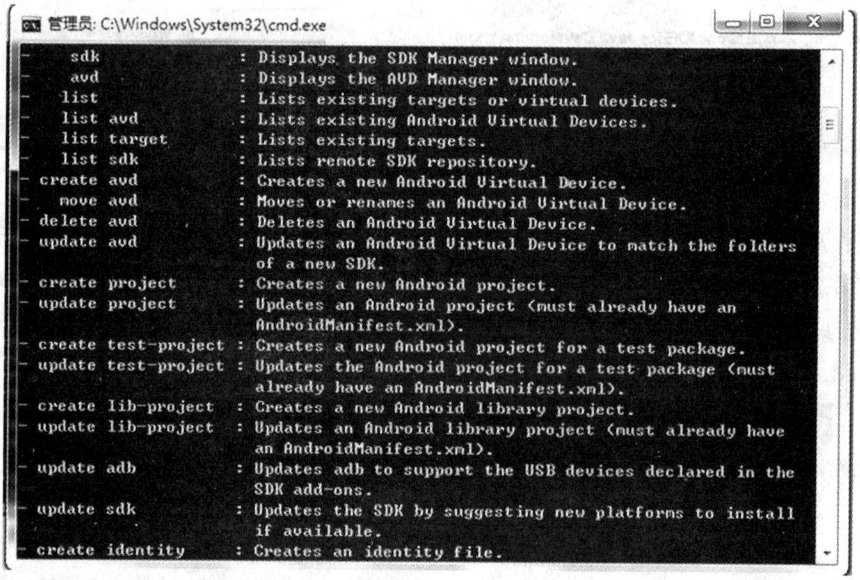

图 2.5　Android SDK 检测信息

2.1.4　ADT 插件的安装

ADT 插件是 Eclipse 集成开发环境的定制插件,为开发 Android 应用程序提供了一个强大的、完整的开发环境,可以快速建立 Andriod 工程、用户界面和基于 Android API 的组件,还可以使用 Android SDK 提供的工具进行程序调试,对 APK 文件进行签名等。ADT 插件也可以从 Android Developers 上进行下载,网址为:http://developer.android.com/sdk/eclipse-adt.html。

下载完成之后进行如下操作:

①打开 Eclipse IDE,进入菜单中的 Help→Install New Software。

②点击 Add...按钮,弹出对话框后点击 Local...按钮,选择刚刚下载的 ZIP 格式的文件,

确定即可。

　　除此以外,还可以选择在线安装,无需从官方下载 ZIP 文件,只需在第②步时输入 Name 和 Location 值,如图 2.6 所示,Name 的值可以根据实际情况任意填写,Location 的值为:http:// dl－ssl. google. com/android/eclipse。

图 2.6　ADT 插件安装

　　单击 OK 按钮后,在 work with 后的下拉列表中选择刚添加的 ADT,随后在如图 2.7 上有 Developer Tools,展开它会有 Android DDMS 和 Android Development Tool,勾选上 Android DDMS 和 Android Development Tools 完成 Developer Tools 的安装。

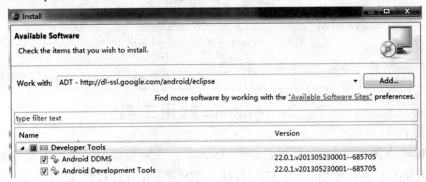

图 2.7　Developer Tools 安装

最后根据提示要求,完成 ADT 插件安装。

2.1.5　Eclipse 中配置 Android SDK

　　在 ADT 插件安装完成后,进入最后一步在 Eclipse 中配置 Android 开发环境,即设置 Andriod SDK 的保存路径。具体如下:

　　①选择 Window→Preferences 命令,打开 Eclipse 的配置界面。

　　②在左边的面板选择 Android,右侧点击 Browse...,在 SDK Location 中输入 Android SDK 的保存路径,本机为:C:\androidSDK\android－sdk－windows。

　　③点击 Apply 和 OK 按钮,配置完成,如图 2.8 所示。

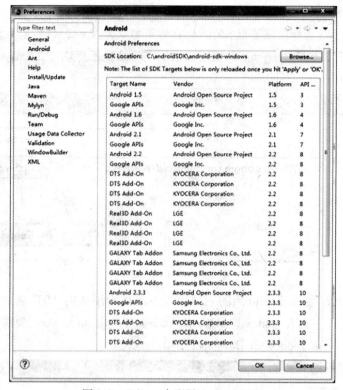

图 2.8　Eclipse 中配置 Android SDK

至此,Android 开发环境的安装和配置完成了。

2.2　Android 常用工具

在 Android 应用开发中,如果只是知道 Android 开发环境的安装和配置是远远不够的,Android SDK提供了多个强大的开发工具,以便于开发者简化开发和调试过程。这里主要介绍 Android 模拟器(Android Virtual Device,AVD)和 DDMS(Dalvik Debug Monitor Service)。

2.2.1　AVD 的使用

Android SDK 中最重要的工具就是 AVD,即 Android 运行的虚拟设备。开发者要运行创建的 Android 应用程序,需要创建 AVD,每个 AVD 上可以配置很多的运行项目。

创建 AVD 的方法有两种:一是通过 Eclipse 开发环境,二是通过命令行创建。这里主要介绍第一种方法。

选择 Window→AVD Manager,或者在 Eclipse 的工具栏上找到 Android Virtual Device Manager,如图 2.9 和图 2.10 所示。

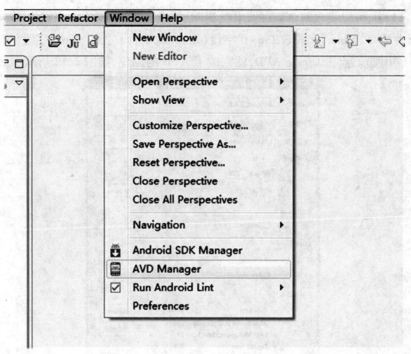

图 2.9　Window→AVD Manager 上的 AVD

图 2.10　Eclipse 工具栏上的 AVD

当点击后弹出 Android Virtual Device Manager 界面，如图 2.11 所示。

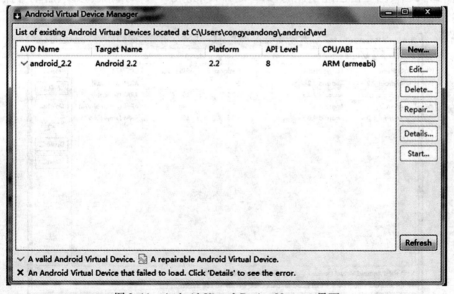

图 2.11　Android Virtual Device Manager 界面

在图 2.11 中,可以实现对 AVD 的创建、删除、修改、启动等操作。当点击 New... 按钮,在弹出的界面中填写"Name"字段、"Target"字段(Android 平台)、"SD Card"字段(SD 卡大小)和"Skin"字段(外观)。点击 Create AVD,就完成了 AVD 的创建,如图 2.12 所示。

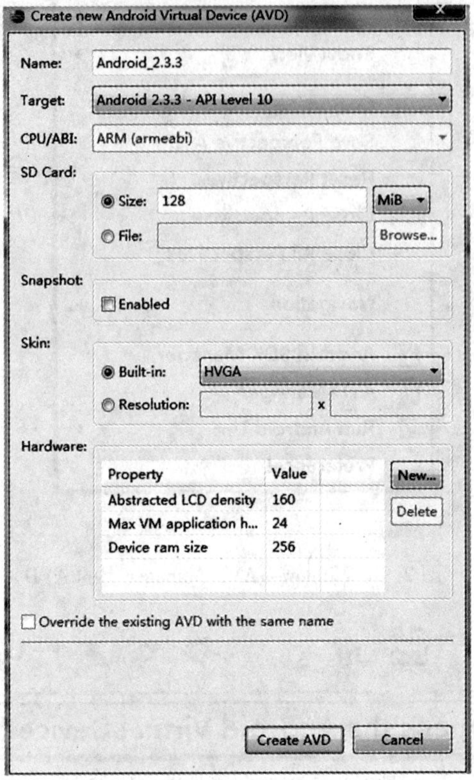

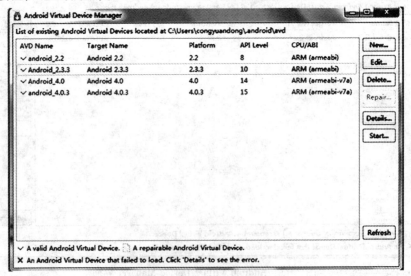

图 2.12 创建 AVD

在图 2.13 中,当点击已经创建的 AVD 时,可以完成 AVD 的删除、修改、启动等操作,如点击 Start... 按钮,一段时间后,就可以看到 AVD 启动之后的界面,如图 2.14 所示。

图 2.13 点击已经创建的 AVD

图 2.14　启动 AVD

2.2.2　DDMS 的使用

DDMS 是 Android 系统中内置了调试工具,可以用于监视 Android 系统中的进程、堆栈信息,查看 Logcat 日志,实现端口转发服务和屏幕截图功能、模拟电话呼叫、接收 SMS、虚拟地理坐标等。

在 Eclipse 右上角点击 DDMS 按钮,可以进入如图 2.15 所示 DDMS 的主界面。

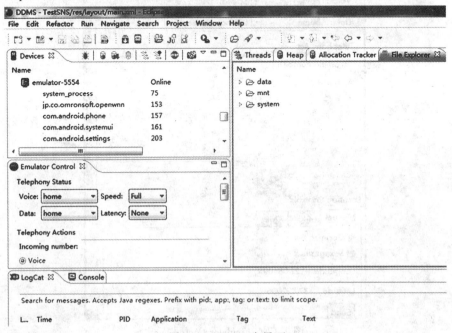

图 2.15　DDMS 主界面

　　在图 2.15 中的左上角可以看到标签为"Devices"的面板,如图 2.16 所示。在这里可以查看到所有与 DDMS 连接的终端详细信息,以及每个终端正在运行的 APP 进程,与每个进程最右边相对应的是与调试器链接的端口。因为 Android 是基于 Linux 内核开发的操作系统,所以也保留了 Linux 中特有的进程 ID,它介于进程名和端口号之间,并且右上角红色框中为"Screen capture"按钮,可以直接抓取 AVD 所显示的画面。

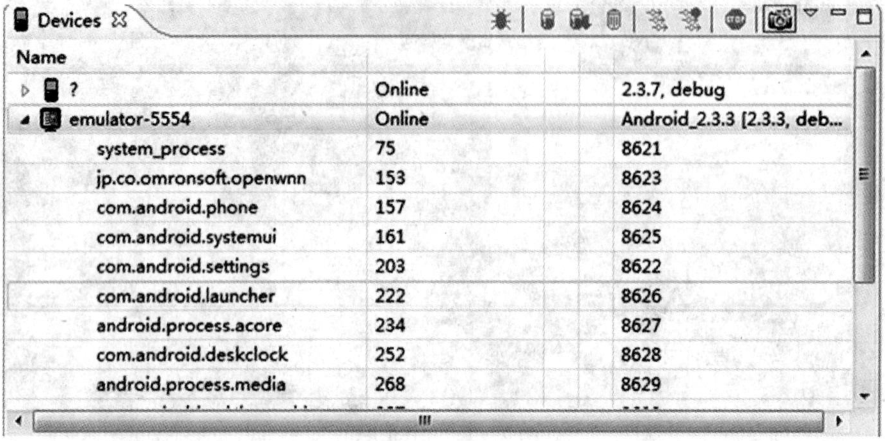

图 2.16　Devices 面板

　　在图 2.15 中,Devices 面板下方是 Emulator Control 面板,如图 2.17 所示。通过这个面板的一些功能可以模拟真实手机所具备的一些交互功能,例如,接听电话,根据选项模拟各种不同网络情况,模拟接收 SMS 消息和发送虚拟地址坐标用于测试 GPS 功能等。

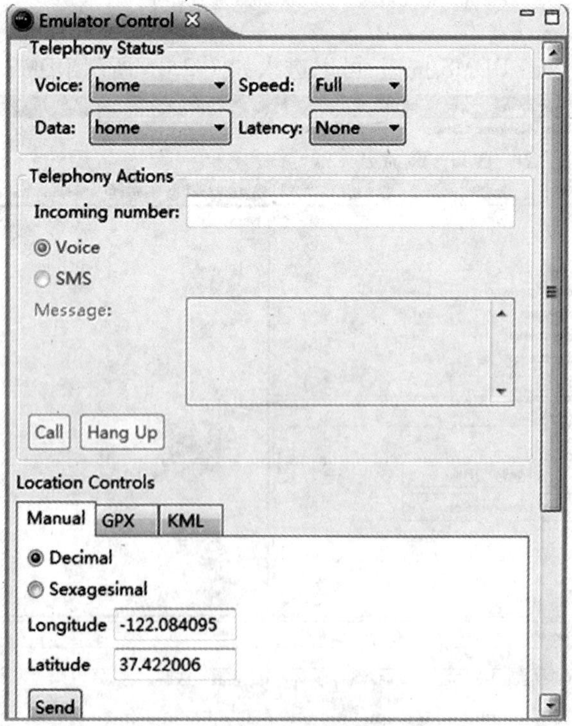

图 2.17　Emulator Control 面板

在图 2.17 中，Telephony Status 功能区可以通过选项来模拟语音质量以及信号连接模式；Telephony Actions 功能区可以模拟电话接听和发送 SMS 到测试终端；Location Controls 功能区可以模拟地理坐标或者动态的路线坐标变化并显示预设的地理标识，通过以下三种方式进行：

①Manual，手动为终端发送二维经纬坐标。

②GPX，通过 GPX 文件导入序列动态变化地理坐标，从而模拟行进中 GPS 变化的数值。

③KML，通过 KML 文件导入独特的地理标识，并以动态形式根据变化的地理坐标显示正在测试的终端。

在图 2.15 中，通过 File Exporler 可以查看 AVD 中的文件，能够很方便地导入/导出文件，如图 2.18 所示。

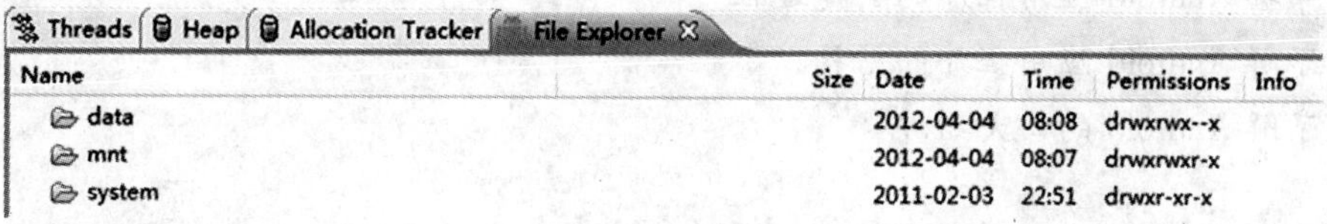
Threads
Heap
Allocation Tracker
File Explorer
Name
Size
Date
Time
Permissions
Info
data
2012-04-04
08:08
drwxrwx--x
mnt
2012-04-04
08:07
drwxrwxr-x
system
2011-02-03
22:51
drwxr-xr-x

图 2.18　File Explorer

此外，在图 2.15 中，通过查看 LogCat 日志可以显示输出的调试信息，并且可以对这些调试信息进行搜索和筛选，如图 2.19 所示。

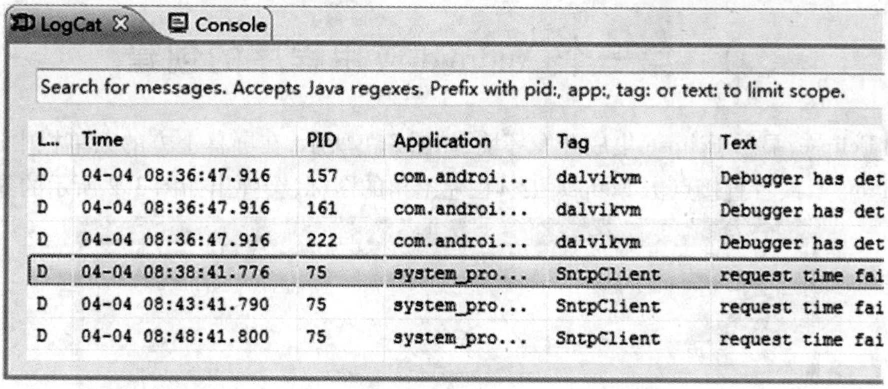
LogCat
Console
Search for messages. Accepts Java regexes. Prefix with pid:, app:, tag: or text: to limit scope.
L... Time PID Application Tag Text
D 04-04 08:36:47.916 157 com.androi... dalvikvm Debugger has det
D 04-04 08:36:47.916 161 com.androi... dalvikvm Debugger has det
D 04-04 08:36:47.916 222 com.androi... dalvikvm Debugger has det
D 04-04 08:38:41.776 75 system_pro... SntpClient request time fai
D 04-04 08:43:41.790 75 system_pro... SntpClient request time fai
D 04-04 08:48:41.800 75 system_pro... SntpClient request time fai

图 2.19　LogCat 日志

由此可见，在 Android 的开发过程中对 DDMS 的使用十分重要。

习　题

1. Android 开发环境的安装和配置共分为几个步骤？每一步分别需要做什么？

2. Android 的常用工具包括哪些？分别有什么作用？

第 3 章

Android 应用程序

学习目标：

➤ 掌握 Android 应用程序的创建过程

➤ 了解 Android 应用程序的结构

➤ 了解 Android 的四大组件

本章从全局的角度整体对 Android 应用程序的创建、应用程序的结构和 Android 的四大组件进行详细叙述，通过本章的学习可以使读者掌握使用 Eclipse 创建 Android 应用程序的过程和方法，了解 Android 应用程序的结构和 Android 的四大组件，为后续的学习奠定基础。

3.1　第一个 Android 应用程序的创建

启动 Eclipse，显示 Eclipse 集成开发环境，如图 3.1 所示，在屏幕上方的菜单栏中选择 File→New→Project，或者直接点击 Eclipse 工具栏左上角的图标，会弹出如图 3.2 所示的界面。

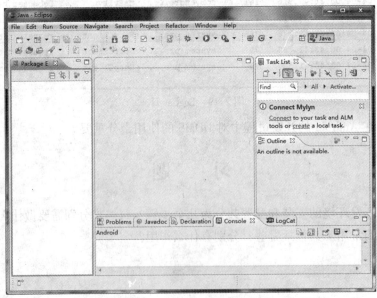

图 3.1　Eclipse 集成开发环境

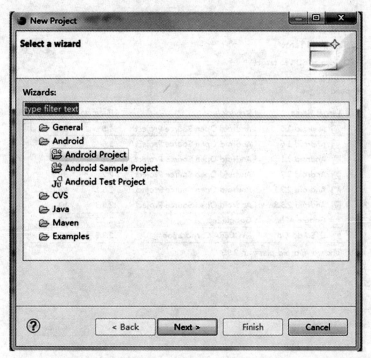

图 3.2　New Projcet 界面

选择 Android 下的 Android Project，点击"Next"按钮，弹出如图 3.3 所示的界面。

图 3.3　Create Android Project 界面

在图 3.3 的"Projcet Name"中输入新建项目的工程名字 Ch03_01_Hello_Android，点击
"Next"按钮，弹出如图 3.4 所示的界面。

图 3.4　Select Build Targe 界面

　　在图 3.4 中,选择合适的 Android 版本,本书选择 2.3.3,点击"Next"按钮,弹出如图 3.5 所示的界面。

图 3.5　Application Info 界面

　　在图 3.5 的"Application Name"中输入应用的名字 Ch03_01_Hello_Android;"Package

Name"中输入包的名字 edu. hrbeu. helloAndroid；Create Activity 中输入 Activity 的名字。最后点击"Finish"按钮，工程向导会根据开发者所输入的 Android 工程信息，自动在后台创建 Android 工程所需要的基础文件和目录结构。当创建过程结束，开发者将看到如图 3.6 所示的界面。即第一个 Android 应用程序就创建完成了。

　　在图 3.6 左侧的工程名上右击，选择 Run As→Android Application 运行 Android 程序，如果此时没有已经开启的 AVD，Eclipse 自动启动相应版本的 AVD，并完成 Android 程序编译、打包和上传等过程，启动 AVD 是一个缓慢的过程，一段时间后，AVD 的界面上显示程序运行结果如图 3.7 所示。程序调试完毕后，不必关闭 AVD，再次运行 Android 程序时，可以节约启动 AVD 的时间。

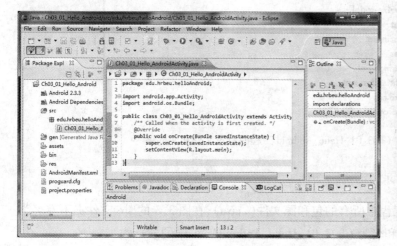

图 3.6　第一个 Android 应用程序创建完成

图 3.7　应用程序运行结果

3.2　Android 应用程序结构

　　在建立 Android 应用程序的过程中，Eclipse 的 ADT 插件会自动建立一些目录文件和文件夹，如图 3.8 所示。这些目录文件和文件夹有其固定的作用，有的允许修改，有的则不能进行修改，了解和掌握这些目录文件和文件夹的作用对 Android 程序开发有着非常重要的作用。

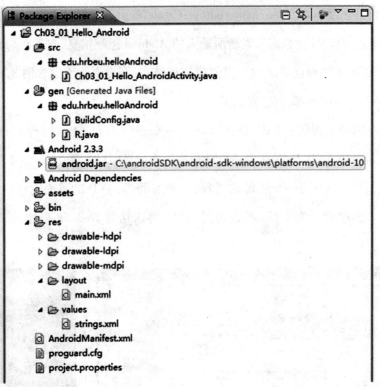

图 3.8   Ch03_01_Hello_Android 工程的目录文件和文件夹

3.2.1   src 源代码目录

src 文件夹中存放的是工程中所有的包和源文件(. java),在图 3.8 的 src 文件夹下有名为 edu. hrbeu. helloAndroid 的包和名为 Ch03_01_Hello_AndroidActivity 的 java 类。

3.2.2   gen 自动生成目录

gen 文件夹中最重要的文件是 R. java 文件,它是定义该工程所有资源的索引文件。在所有的 Android 应用程序中,都会有以"R. java"命名的文件,开发者应当避免去修改 R. java 文件,它会由 ADT 扩展包自动根据放入 res 目录中的 XML 描述文件、图像、音乐等资源生成。

R. java 就像一个资源字典一样,在开发 Android 应用的过程中,开发者经常需要从 R 类中调用资源的 ID。在编译的过程中编译器会过滤掉没有使用的资源,从而为手机应用程序节省不必要的占用空间。

3.2.3   android. jar 文件

android. jar 文件是 Andriod 应用程序所能引用的函数库文件,Android 通过平台所支持的 API 都包含在这个文件中。

3.2.4　assets 目录

assets 文件夹用来存放原始格式的文件,如音频文件、视频文件等二进制格式文件,Android 不为 assets 目录下的文件生成 ID,因此只能以字节流的形式进行读取,一般情况下为空。如果使用 assets 下的文件,需要指定文件的路径和文件名。

3.2.5　res 资源目录

res 文件夹中存放的是应用程序所用到的资源文件,主要包括资料文件、图片、音乐等,所有 res 文件夹中的文件都会在 R. java 文件中生成固定的索引值。Android 开发工具对于不同的 res 子目录中的文件会采用不同的处理方式,所以当开发者写应用程序之前,要先了解 res 子目录的作用。具体如下:

（1）layout 是页面布局目录

layout 目录下包含所有的 XML 描述文件,用来描述页面各个元素的位置、内容等。一个 XML 文件可以描述一个界面,也可以是一个界面的一部分,即可通过多个 XML 文件来组成一个界面。

（2）values 参数值目录

values 目录包含所有使用 XML 格式的参数值描述文件,可以在此添加一些额外的资源信息,如字符串、颜色、风格等。

（3）drawable 程序图标目录

drawable 目录用于存放图片资源,包括应用程序的图标等。

3.2.6　AndroidManifest. xml 文件

AndroidManifest. xml 文件是 Android 应用程序中不可缺少的文件之一。它包含了应用程序的一些基本信息以及所有使用的 Activity、Service、Receiver 等信息,还有应用程序所需的权限等。Ch03_01_Hello_Android 工程中的 AndroidManifest. xml 文件代码如下:

```
< ? xmlversion = "1.0" encoding = "utf - 8" ? >
< manifestxmlns:android = "http://schemas. android. com/apk/res/android"
package = "edu. hrbeu. helloAndroid"
android:versionCode = "1"
android:versionName = "1.0" >
< uses - sdkandroid:minSdkVersion = "10" / >
< application
android:icon = "@ drawable/ic_launcher"
android:label = "@ string/app_name" >
< activity
android:label = "@ string/app_name"
```

```
android：name = ". Ch03_01_Hello_AndroidActivity" >
< intent – filter >
< actionandroid：name = " android. intent. action. MAIN"/ >
< categoryandroid：name = " android. intent. category. LAUNCHER"/ >
</ intent – filter >
</ activity >
</ application >
</ manifest >
```

具体代码解释如下：

每个 Android 应用程序都需要一个 AndroidManifest. xml 文件，而整个 AndroidManifest. xml 的叙述，都包含在 manifest 这个主要标签中。xmlns：android = " http：//schemas. android. com/apk/res/android"是使得 Android 中各种标准属性能够在文件中使用，提供大部分元素的数据。其中 xmlns：android 是包含命名空间的声明；package 是 manifest 标签的一个特别属性，是声明应用程序包，标明应用程序的进入点存在于 edu. hrbeu. helloAndroid 这个命名空间中；android：versionCode 和 android：versionName 是应用程序版本号，它们是可选的。android：versionCode 则是开发者用的内部版本号，一般使用流水号；android： versionName 是给使用者看的版本号；uses – sdk是应用程序所使用的 SDK 版本；application 是包含 package 中 application 级别组件声明的根节点，此元素也可以包含 application 的一些全局和默认的属性，如：标签、icon、主题、必要权限等。一个 AndroidManfest. xml 文件能够包含零个或一个元素，不能大于一个；android：icon是应用程序图标；android：lebel 是应用程序名字；Activity 是用户交互工具；android：name 是应用程序默认启动的 Activity；intent – filte 是声明了指定一组组件支持的 Intent 值，从而形成 Intent Filter；action 是组件支持的 Intent action；category 是组件支持的 Intent Category，指定应用程序默认启动 Activity。

3.3　Android 的四大组件

在深入学习 Android 程序设计之前，需要了解和掌握 Android 的四大组件，具体包括 Activity、Service、BroadcastReceiver 和 ContentProvider。它们在 Android 的应用程序中起到举足轻重的作用。

3.3.1　Activity

Activity 是 Android 构造块中最基本的一种。在应用程序中，一个 Activity 通常就是一个单独的屏幕。每一个 Activity 都被实现为一个独立的类，并且继承于 Activity 这个基类。这个 Activity 类将会显示由几个 View 组件组成的用户接口，并对事件做出响应。大部分的应用都会包含多个屏幕，这就意味着 Activity 之间可以互相跳转。当一个新的屏幕打开后，前一个屏幕将会暂停，并保存在历史堆栈中，用户可以返回到历史堆栈中的前一个屏幕。当屏幕不再使用时,还可以从历史堆栈中删除。默认情况下,Android 将会保留从主屏幕到每一个应用的运行屏幕。Activity 之间除了可以跳转还可以相互传递参数。

3.3.2　Service

Service 可以看作是一个没有用户界面的 Activity,但它会在后台一直运行。例如,Service 可能在用户处理其他事情的时候播放背景音乐,或者从网络上获取数据,或者执行一些运算,并把运算结构提供给 Activity 展示给用户。每个 Service 都扩展自类 Serivce。

应用程序可以连接到一个正在运行中的 Service。当连接到一个 Service 后,可以使用这个 Service 向外暴露的接口与这个 Service 进行通信。例如,可以与音乐播放的 Service 进行通信,对音乐播放进行暂停、快进等控制。

3.3.3　BroadcastReceiver

BroadcastReceiver 是用于接收广播通知信息并做出相应处理的组件。大部分广播通知是由系统产生的,例如,改变时区、电池电量低、系统启动完成等。应用程序同样也可以发送广播通知,例如,通知其他应用程序某些数据已经被下载到设备上可以使用等。所有的 Broadcast-Receiver 都扩展自类 BroadcastReceiver。

BroadcastReceiver 不包含任何用户界面,但是可以通过多种方式使用户知道有新的通知产生,例如,闪动背景灯、震动设备、发出声音等。通常程序会在状态栏上放置一个持久的图标,用户可以打开这个图标并读取通知信息。

3.3.4　ContentProvider

ContentProvider 用于不同应用程序之间的数据访问,通过 ContentProvider,一个应用程序可以访问其他应用程序的私有数据,这是 Android 提供的一种标准的共享数据机制。共享的数据可以在存储在文件系统中,也可以在 Android 自带的 SQLite 数据库中,或在其他的一些媒体中。ContentProvider 扩展自 ContentProvider 类,通过实现此类的一组标准的接口可以使其他应用程序存取由它控制的数据。然而应用程序并不会直接调用 ContentProvider 中的方法,而是通过类 ContentResolver。ContentResolver 能够与任何一个 ContentProvider 合作管理进程间的通信。

关于 Android 四大组件在后续章节中会详细地叙述其使用方法。

习　题

1. 如何创建一个新的 Android 应用程序?

2. Android 应用程序的结构中包括哪些主要的目录? 它们都分别用来存放哪些文件?

3. Android 包括哪四大组件? 四大组件的作用分别是什么?

第4章

Android 的基本界面组件

学习目标:

➤ 了解用户界面的 MVC 模型

➤ 掌握基本界面组件的使用方法

Android 中比较常用的基本界面组件是应用程序开发中不可或缺的一部分,通过本章的学习可以使读者对 Android 平台下用户界面的 MVC 模型有一个了解,从而掌握 Android 中基本界面组件的使用方法。

4.1 用户界面的 MVC 模型

由于目前几乎所有的应用程序开发都采用了 MVC(Model View Controller)模型,所以在进行 Android 图形用户界面设计之前,需要深入了解 Android 中用户界面的 MVC 模型。

MVC 中,M 是指逻辑模型,V 是指视图模型,C 则是控制器,具体模型如图 4.1 所示。一个逻辑模型可以对应多种视图模型,同样一种视图模型也可以对应多种逻辑模型。使用 MVC 的目的是将逻辑模型(M)和视图模型(V)的实现代码分离,从而使同一个程序可以使用不同的表现形式,而控制器(C)存在的目的则是确保逻辑模型(M)和视图模型(V)的同步,一旦逻辑模型(M)改变,视图模型(V)应该同步更新。

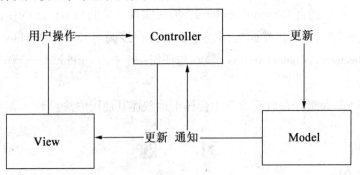

图 4.1　MVC 模型

在 Android 中用户界面框架(Android UI Framework)的 MVC 模型中,逻辑模型(M)是应用程序中二进制的数据,视图模型(V)是用户的界面。Android 的界面直接采用 XML 文件保存,界面开发十分方便。在 Android 中控制器(C)也很简单,一个 Activity 可以有多个界面,只需要将视图的 ID 传递到 setContentView( ),就指定了以哪一个视图模型来显示数据。

　　Android 用户界面框架中的界面元素以一种树形结构组织在一起,称为视图树(View Tree),如图 4.2 所示。

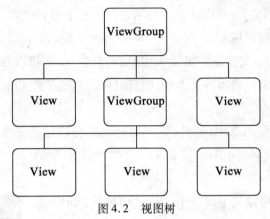

图 4.2　视图树

　　视图树由 View 和 ViewGroup 构成。View 是界面的最基本可视单元,它存储了屏幕上特定矩形区域内所显示内容的数据结构。一个 View 对象可以处理测距、布局、绘图、焦点变换、滚动条,还有屏幕区域自己表现的按键和手势等。View 是一个重要的基类,所有在界面上可见的元素都是 View 的子类。ViewGroup 是一种能够承载含多个 View 的显示单元,一个 View-Group 是一个特殊的 View 对象,它的功能是去装载和管理一组下层的 View 和其他 View-Group,ViewGroup 可以为设计的界面增加结构并且将复杂的屏幕元素构建成一个独立的实体。

　　在进行 Android 图形用户界面设计初期,如果没有遵循 MVC 模型进行严格的分层,在开发过程中,当需要对一个方法或者一个布局进行更改时,由于层与层之间的联系过于紧密,将会面对"牵一发而动全身"的全面修改过程,而使用 MVC 模型之后就不会出现这种情况,而且,在开发完成之后,如果要对某一模块进行修改或添加,使用 MVC 模型会使开发者很容易地实现这些设计,从而节省很多的时间和精力,所以在后期的学习过程中建议使用 MVC 模型设计方法进行 Android 图形用户界面设计。

4.2　基本界面组件

　　Android 的基本界面组件分为定制组件和系统组件。定制组件是开发者独立开发的组件,或者通过继承并修改系统组件后所产生的新组件,能够为用户提供特殊的功能和与众不同的显示效果。系统组件是 Android 提供给开发者已经封装的界面组件,是进行应用程序开发过程中常用的功能组件,系统组件更有利于帮助开发者进行快速开发,同时能够使 Android 中的应用程序界面保持一致性。

　　Android SDK 中包含一个名为 android. widget 的包。当开发中涉及某个系统组件时,通常都是指该包中的某个对应类。系统组件涵盖 Android SDK 中几乎所有可绘制到屏幕上的文本框、编辑框、按钮等。

4.2.1　文本框(TextView)和编辑框(EditText)

TextView 是 Android 中最基本的用户界面组件,它直接继承了 View,并且是 EditView、Button 两个界面组件类的父类,可以简单地使用它在屏幕上显示文字,TextView 一般用来显示固定长度的文本字符串或者标签。

从功能上看,TextView 其实是一个文本编辑器,只是 Android 关闭了它的文字编辑功能。如果想要定义一个可以编辑内容的文本框,则可以使用它的子类 EditText。EditText 允许用户编辑文本框中的内容。

TextView 提供了大量的 XML 属性,这些属性大部分既适用于 TextView,又适用于 Edit-Text。Ch04_01_TextViewAndEditText 工程是一个同时具有 TextView 和 EditText 的实例,如图 4.3 所示。

图 4.3 所示的界面中定义了四个 TextView 和两个 EditView,在 XML 文件中(res/layout/main. xml)的代码如下:

```
<? xmlversion = "1.0" encoding = "utf - 8"? >
<LinearLayoutxmlns: android = " http://schemas. android.
com/apk/res/android"
android:layout_width = "fill_parent"
android:layout_height = "fill_parent"
android:orientation = "vertical" >
<TextView
android:layout_width = "wrap_content"
android:layout_height = "wrap_content"
android:text = "第一个 TextView"
android:textColor = "#DF0101"/ >
<! --对邮箱添加链接 -->
<TextView
android:layout_width = "fill_parent"
android:layout_height = "wrap_content"
android:autoLink = "email"
android:singleLine = "true"
android:text = "点击 androidforit@ gmail. com 进入"/ >
<! --测试密码框 -->
<TextView
android:layout_width = "fill_parent"
android:layout_height = "wrap_content"
```

图 4.3　TextView 和 EditText
显示界面

```
android:password = "true"
android:text = "ninggggg"/>
<! --设置字体为 40px,以跑马灯效果显示 TextView -->
<TextView
android:layout_width = "wrap_content"
android:layout_height = "wrap_content"
android:ellipsize = "marquee"
android:focusable = "true"
android:focusableInTouchMode = "true"
android:marqueeRepeatLimit = "marquee_forever"
android:scrollHorizontally = "true"
android:text = "第二个 TextView,以跑马灯效果显示"
android:textColor = "#01DF01"
android:textSize = "40px"/>
<EditText
android:id = "@ + id/editText1"
android:layout_width = "match_parent"
android:layout_height = "wrap_content"
android:textSize = "15sp" >
</EditText>
<EditText
android:id = "@ + id/editText2"
android:layout_width = "match_parent"
android:layout_height = "wrap_content"
android:inputType = "textPassword"/>
</LinearLayout>
```

具体代码解释如下:

TextView 中 android:textColor 是通过查询颜色代码可以知道字体的颜色; android:autoLink 是自动为文本框内的 E-mail 地址添加超链接。

EditText 中 android:textSize 是输入字体的大小; android:inputType 是一个密码输入框。

Andriod 中支持描述字体大小的类型有:px(pixels)像素、dip(device independent pixels)依赖与设备的像素、sp(scaled pixels-best for text size)带比例的像素、pt(points)点、in(inches)英尺、mm(millimeters)毫米。

在使用 TextView 和 EditView 时,可以通过查询 Android API 选择不同的属性,设计实现多种多样的文本框和编辑框。

4.2.2　按钮(Button)和图片按钮(ImageButton)

Button 继承了 TextView,ImageButton 继承了 Button,两者的功能都很单一,主要是在界面上生成一个按钮,该按钮可以供用户点击,当用户点击按钮时,按钮会触发一个 OnClick 事件。关于 OnClick 事件的处理,在以后的章节中会作详细的介绍。

Button 与 ImageButton 的主要区别就在于 Button 所生成的按钮上显示的是用户指定的文字,而 ImageButton 显示的则可以是用户设置的图片。

Ch04_02_ButtonAndImageButton 工程是一个同时具有 Button 和 ImageButton 的实例,如图 4.4 所示。

图 4.4 所示的界面中定义了一个 Button 和一个 ImageButton,在 XML 文件中(res/layout/main. xml)的代码如下:

图 4.4　Button 和 ImageButton 显示界面

```
<? xmlversion = "1.0" encoding = "utf - 8"? >
<TableLayoutxmlns: = "http://schemas. android. com/apk/res/android"
android:layout_width = "fill_parent"
android:layout_height = "fill_parent"
android:orientation = "horizontal" >
<TableRow >
<! - -普通文字按钮 - - >
<Button
android:layout_width = "wrap_content"
android:layout_height = "wrap_content"
android:background = "@ drawable/stopblue"
android:text = "普通按钮"
android:textSize = "18sp"/ >
<! - -普通图片按钮 - - >
<ImageButton
android:layout_width = "wrap_content"
android:layout_height = "wrap_content"
android:background = "#000000"
android:src = "@ drawable/stopblue"/ >
</TableRow >
</TableLayout >
```

具体代码解释如下:

Button 和 ImageButton 的效果基本相同,但实质却不一样。更值得注意的是对于 ImageButton,即使设置 android:text 属性,图片按钮上也不会显示任何文字。

在 ImageButton 中涉及图片放置位置的问题,第 3 章中提到 drawable 目录用于存放图片资源,包括应用程序的图标等。在 res 文件夹下有 drawable－hdpi、drawable－mdpi、drawable－ldpi 三个文件夹,其中,drawable－hdpi 存放高分辨率的图片,如:WVGA(480×800),FWVGA(480×854);drawable－mdpi 存放中分辨率的图片,如:HVGA(320×480);drawable－ldpi 存放低分辨率的图片,如:QVGA(240×320)。系统会根据计算机的分辨率到相应的文件夹中找对应的图片。

通常在具体的应用中,大部分开发者都是将图片放置在 drawable－mdpi 文件夹中,但是在开发程序时为了兼容不同平台不同屏幕,建议各自文件夹根据需求均存放不同版本的图片。

4.2.3　单选按钮(RadioButton)、复选框(CheckBox)和状态开关按钮(ToggleButton)

RadioButton 和 CheckBox 是所有用户界面中最普通的界面组件,两者都直接继承了 Button,因此可以直接使用 Button 支持的各种属性和方法。

RadioButton 和 CheckBox 与普通按钮不同,它们多了一个可选中的功能,并由 android:checked 属性来控制按钮初始时是否被选中。

RadioButton 和 CheckBox 的不同之处在于一组 RadioButton 只能选中其中一个,因此 RadioButton 通常要与 RadioGroup 一起使用,定义单项选择。

ToggleButton 也是由 Button 派生出来的,从界面上看,它与 CheckBox 非常相似,但其功能则完全不同。ToggleButton 通常用于切换程序中的某种状态。它也有一个 android:checked 属性用来确定按钮在初始化时是否被选中。它的 android:textOff 属性用来设置按钮没有被选中时显示的文本,android:textOn 则正好相反。

04_03_RadioButtonAndCheckBox 工程是一个同时具有 RadioButton、CheckBox 和 ToggleButton 的实例,如图 4.5 所示。

图 4.5　RadioButton、CheckBox 和 ToggleButton 的显示界面

在 XML 文件中(res/layout/main. xml)的代码如下：

```
<? xmlversion = "1.0" encoding = "utf-8"? >
<TableLayoutxmlns:android = "http://schemas. android. com/apk/res/android"
android:layout_width = "fill_parent"
android:layout_height = "fill_parent"
android:orientation = "vertical" >
<TableRow >
<ToggleButton
android:id = "@ + id/toggle"
android:layout_width = "wrap_content"
android:layout_height = "wrap_content"
android:checked = "false"
android:textOff = "性别横向排列"
android:textOn = "性别纵向排列"/ >
</TableRow >
<TableRow >
<TextView
android:layout_width = "wrap_content"
android:layout_height = "wrap_content"
android:text = "性别:"
android:textSize = "10pt"/ >
<! --定义一组单选框 -- >
<RadioGroup
android:id = "@ + id/change"
android:layout_gravity = "center_horizontal"
android:orientation = "horizontal" >
<! --定义两个单选框 -- >
<RadioButton
android:layout_width = "wrap_content"
android:layout_height = "wrap_content"
android:text = "男"/ >
<RadioButton
android:layout_width = "wrap_content"
android:layout_height = "wrap_content"
android:text = "女"/ >
</RadioGroup >
```

```
    </TableRow >
    < TableRow >
    < TextView
    android:layout_width = " wrap_content"
    android:layout_height = " wrap_content"
    android:text = " 喜欢的运动项目:"
    android:textSize = "10pt"/ >
    <! - -定义一个垂直的线性布局 - - >
    < LinearLayout
    android:layout_width = " wrap_content"
    android:layout_height = " wrap_content"
    android:layout_gravity = " center_horizontal"
    android:orientation = " vertical" >
    <! - -定义三个复选框 - - >
    < CheckBox
    android:layout_width = " wrap_content"
    android:layout_height = " wrap_content"
    android:checked = " true"
    android:text = " 篮球"/ >
    < CheckBox
    android:layout_width = " wrap_content"
    android:layout_height = " wrap_content"
    android:text = " 足球"/ >
    < CheckBox
    android:layout_width = " wrap_content"
    android:layout_height = " wrap_content"
    android:text = " 羽毛球"/ >
    </LinearLayout >
    </TableRow >
    </TableLayout >
```

具体代码解释如下:

使用 RadioGroup 定义了一组单选按钮,实现只能选中其中之一的功能,设置其为水平排列,id 为 change。定义了一组 CheckBox 复选框;通过 ToggleButton 定义了一个状态切换按钮,设置其初始时未被选中,id 为 toggle。

定义的 RadioButton 与 CheckBox 的排列是两种不同的风格,RadioButton 使用的是水平排列,而 CheckBox 则是垂直排列的,这主要是受 android:orientation 属性控制的(horizontal 是水平排列,vertical 则是垂直排列),ToggleButton 初始时是未被选中的,显示为"性别横向排列",当通过点击选中之后显示为"性别纵向排列",所以性别排列由水平变为垂直。

RadioButtonAndCheckBoxActivity. java 中的核心代码如下:

```java
public class RadioButtonAndCheckBoxActivity extends Activity {
    @ Override
    public void onCreate( Bundle savedInstanceState) {
        super. onCreate( savedInstanceState) ;
        setContentView( R. layout. main) ;
        ToggleButton toggle = ( ToggleButton) findViewById( R. id. toggle) ;
        final RadioGroup change = ( RadioGroup) findViewById( R. id. change) ;
        toggle. setOnCheckedChangeListener( new OnCheckedChangeListener( ) {
            public void onCheckedChanged( CompoundButton c, boolean arg1) {
                if ( arg1)
                    change. setOrientation( 1) ;
                } else
                    change. setOrientation( 0) ;
            }
        }) ;
    }
}
```

ToggleButton 绑定一个监听器,当它的选中状态发生改变时,程序通过代码来改变 Radio-Group 的布局。本书第 6 章将对监听事件处理进行详细的介绍,在此不作更详细的讲解。

4.2.4　自动完成文本框(AutoCompleteTextView)

AutoCompleteTextView 是从 EditText 派生而来的,其本身实质上也是一个文本编辑框,主要功能是当用户输入一定字符之后,

AutoCompleteTextView 会显示一个下拉菜单,供用户从中选择,当用户选择某个菜单之后,会自动将用户选择填入该文本框。

除了 EditText 提供的属性之外,使用 AutoComplete-TextView 时,还有其自己的一些属性和方法。需要为它设置一个 Adapter,Adapter 封装了 AutoCompleteText-View 预设的提示文本。

Ch04_04_AutoCompleteTextView 工程是一个实现了 AutoCompleteTextView 的实例。当在文本输入框中输入"哈"时,系统会自动检测与输入内容相匹配的的内容,

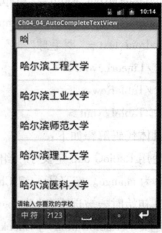

图 4.6　AutoCompleteTextView 显示界面

如图 4.6 所示。

在 XML 文件中(res/layout/main.xml)的代码如下:

<! - -定义一个自动完成文本框,指定输入一个字符后进行提示 - - >

< AutoCompleteTextView

android:id = "@ + id/auto"

android:layout_width = "fill_parent"

android:layout_height = "wrap_content"

android:completionHint = "请输入你喜欢的学校"

android:completionThreshold = "1"

android:dropDownHorizontalOffset = "20dp"/ >

AutoCompleteTextViewActivity.java 文件中,引用 XML 文件中建立的 AutoCompleteText-View,并且为其绑定一个 Adapter,Adapter 负责为 AutoCompleteTextView 提供提示文本。核心代码如下:

public class AutoCompleteTextViewActivity extends Activity {

// 定义字符串数组,作为提示的文本

String[] schools = new String[] { "哈尔滨工程大学" , "哈尔滨工业大学" , "哈尔滨理工大学" , "哈尔滨师范大学" , "黑龙江大学" };

@ Override

public void onCreate(Bundle savedInstanceState) {

super. onCreate(savedInstanceState);

setContentView(R. layout. main);

// 创建一个 ArrayAdapter,封装数组

ArrayAdapter < String > mm = new ArrayAdapter < String > (this, android. R. layout. simple _dropdown_item_1line, schools);

AutoCompleteTextView actv = (AutoCompleteTextView) findViewById(R. id. auto);

// 设置 Adapter

actv. setAdapter(mm);

}

}

4.2.5 下拉列表(Spinner)

Spinner 是 ViewGroup 的间接子类,能够从多个选项中选择一个选项的组件。

当已经确定 Spinner 的列表项时,则为 Spinner 指定 android:entries 属性就可以实现一个下

拉列表。Ch04_05_Spinner1 工程是一个实现了 Spinner 的实例,如图 4.7 所示。当点击下拉选项框,就会出现一个下拉列表,在下拉列表中显示已经确定的 Spinner 列表项。

在 XML 文件中(res/layout/main. xml)的代码如下:

<!-- 定义了一个 Spinner 组件,指定显示该 Spinner 组件的数组为 schools -- >

```
< Spinner
android:layout_width = "fill_parent"
android:layout_height = "wrap_content"
android:entries = "@ array/schools" / >
```

在 XML 文件中(res/values/strings. xml)定义一个已知的 schools 数组,代码如下:

```
<? xml version = "1.0" encoding = "utf -8"? >
< resources >
< string name = "hello" >Hello World, Spinner1 Activity! </string >
< string name = "app_name" >Spinner1 </string >
< string - array name = "schools" >
< item >哈尔滨工程大学 </item >
< item >哈尔滨工业大学 </item >
< item >哈尔滨师范大学 </item >
< item >哈尔滨理工大学 </item >
< item >哈尔滨医科大学 </item >
</string - array >
</resources >
```

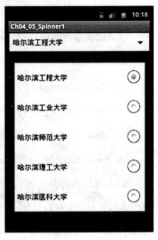

图 4.7　Spinner 显示界面

上述所介绍的是存储数组值之后,Spinner 的显示列表。其实对于 Spinner 而言,只需要知道它应该显示什么就可以了,而不需要知道显示数据是以什么样的方式给出。Ch04_06_Spinner2 工程给出了第二种显示数据的方式,如图 4.8 所示。

在 XML 文件中(res/layout/main. xml)的代码如下:

<!-- 定义了一个 Spinner 组件,指定 id -- >

```
< Spinner
android:id = "@ + id/sp"
android:layout_width = "fill_parent"
android:layout_height = "wrap_content"/ >
```

Ch04_06_Spinner2 工程的 Spinner2 Activity. java 文件

图 4.8　Adapter 负责为 Spinner 提供下拉列表的显示界面

中,引用 XML 文件中建立的 Spinner,并且为其绑定一个Adapter,Adapter 负责为 Spinner 提供下拉列表中显示已经确定的 Spinner 列表项。核心代码如下:

```
public class Spinner2Activity extends Activity {
    String[] schools = { "哈尔滨工程大学", "哈尔滨工业大学", "哈尔滨师范大学", "哈
尔滨理工大学", "哈尔滨医科大学" };
    @ Override
    public void onCreate( Bundle savedInstanceState) {
        super. onCreate( savedInstanceState) ;
        setContentView( R. layout. main) ;
        // 第二个参数表示 spinner 没有展开前的 UI 类型
        ArrayAdapter < String > mm = new ArrayAdapter < String > ( this, android. R. layout. simple
_spinner_item, schools) ;
        // 将展开方式设置为点击圆圈选择
mm. setDropDownViewResource( android. R. layout. simple_spinner_dropdown_item) ;
        // 为 Spinner 设置使用该 Adapter
        Spinner spinner = ( Spinner) findViewById( R. id. sp) ;
        spinner. setAdapter( mm) ;
    }
}
```

4.2.6 进度条(ProgressBar)、拖动条(SeekBar)和星级评分条(RatingBar)

ProgressBar 是一种非常实用的组件,可以动态地显示进度,从而避免由于用户长时间地执行某个操作,而让用户感觉失去响应,提高了用户界面的友好性,可以带给用户良好的体验。

Android 支持多种风格的 ProgressBar,通过 style 属性可以为 ProgressBar 指定风格。style 支持的属性值如下:

①? android:attr/progressBarStyleHorizontal:水平进度条。

②? android:attr/progressBarStyle:不断跳跃、旋转画面的进度条。

③? android:attr/progressBarStyleLarge:大进度条。

④? android:attr/progressBarStyleSmall:小进度条。

ProgressBar 提供如下方法来操作进度条:

①setProgress(int):设置进度完成的百分比。

②incrementProgressBy(int):设置进度条的进度增加或减少。参数为正时进度条增加,参数为负时进度条减少。

SeekBar 和 ProgressBar 功能上基本相似,只是 ProgressBar 通过颜色的改变来表明进度完成的程度,而 SeekBar 是通过滑块的位置来标识数值,以此来改变数值的大小,常用来改变声

音大小等。同时,SeekBar 允许用户自定义滑块外观,可以通过 Android:thumb 来指定一个 drawable 对象,该对象作为自定义滑块。

RatingBar 和 SeekBar 功能上有很多相似之处,它们拥有共同的父类 AbsSeekBar,只不过 RatingBar 是通过星星来表示进度的。

Ch04_07_Bar 工程是一个同时具有 ProgressBar、SeekBar 和 RatingBar 的实例,如图 4.9 所示。

图 4.9 所示的界面中定义了两个 ProgressBar 和一个 SeekBar 和 RatingBar,在 XML 文件中(res/layout/main. xml)的 代码如下:

图 4.9　ProgressBar、SeekBar 和 RatingBar 的显示界面

```
< TextView
android:layout_width = " fill_parent"
android:layout_height = " wrap_content"
android:text = "(水平进度条)正在安装,请稍等"/ >
<! - -水平进度条 - - >
< ProgressBar
android:id = "@ + id/progressBar1"
style = "? android:attr/progressBarStyleHorizontal"
android:layout_width = " match_parent"
android:layout_height = " wrap_content"
android:max = "100"
android:progress = "30"/ >
< TextView
android:layout_width = " fill_parent"
android:layout_height = " wrap_content"
android:text = "(旋转进度条)正在安装,请稍后"/ >
< ProgressBar
android:id = "@ + id/progressBar2"
android:layout_width = " wrap_content"
android:layout_height = " wrap_content"
style = "? android:attr/progressBarStyle"
android:max = "100"
android:progress = "30"/ >
< TextView
android:layout_width = " fill_parent"
android:layout_height = " wrap_content"
```

```
android:text = "拖动条演示"/ >
 < SeekBar
android:id = "@ + id/seekBar1"
android:layout_width = "match_parent"
android:layout_height = "wrap_content"
android:thumb = "@ drawable/xiaolian"/ >
 < TextView
android:layout_width = "fill_parent"
android:layout_height = "wrap_content"
android:text = "星级评分条"/ >
 < RatingBar
android:id = "@ + id/ratingBar1"
android:layout_width = "wrap_content"
android:layout_height = "wrap_content"
android:numStars = "4"
android:rating = "2"
android:stepSize = "0. 5"/ >
```

具体代码解释如下:

ProgressBar 中 android:max 是设置水平进度条的最大值;android:progress 是设置旋转进度条当前进度条的值。

SeekBar 中 android:thumb 是设置一个自定义的图片拖动按钮。

RatingBar 中 android:numStars 是设置星星的个数;android:rating 是初始化时已选星星的个数;android:stepSize 是每次最少改变的星级。

在 Ch04_07_Bar 工程的实例中,只是简单地介绍了三个组件的基本功能,在实际应用中,这三个组件是可以通过移动来改变视图效果的。

Ch04_08_ProgressBar 工程中实现了一个可动态改变的 ProgressBar 实例,如图 4.10 所示。

XML 文件中(res/layout/main. xml) 定义了一个 ProgressBar 组件。

ProgressBarActivity. java 文件中,引用 XML 文件中建立的 ProgressBar,用一个填充数组的任务模拟了耗时操作,以 ProgressBar 的形式将完成的百分比显示出来。运行时,进度条随时间的改变而增长。核心代码如下:

privateint [ ] data = newint[100];

图 4.10　ProgressBar 可以动态改变的显示界面

```
private ProgressBar mProgress;
privateintmProgressStatus = 0;
privateintnowdata = 0;
private Handler mHandler = new Handler();
@ Override
publicvoid onCreate(Bundle savedInstanceState) {
  super. onCreate(savedInstanceState);
  setContentView(R. layout. main);
  mProgress = (ProgressBar) findViewById(R. id. progressBar);
  // 启动一个线程来执行任务
  new Thread(new Runnable() {
    publicvoid run() {
      while (mProgressStatus < 100) {
        // 获取耗时操作的完成百分比
        mProgressStatus = doWork();
        // 更新 ProgressBar
        mHandler. post(new Runnable() {
          publicvoid run() {
            mProgress. setProgress(mProgressStatus);
          }
        });
      }
    }

    // 模拟一个耗时的操作
    // 为数组元素赋值
    data[nowdata + +] = (int) (Math. random() * 100);
    try {
      Thread. sleep(100);
    } catch (InterruptedException e) {
      e. printStackTrace();
    }

    returnnowdata;
  }
}). start();
```

}

Ch04_09_SeekBar 工程中实现了一个可拖动改变图片透明效果的 SeekBar 实例。如图 4.11所示。

XML 文件中(res/layout/main. xml)定义了一个 Seek-Bar 组件。

SeekBarActivity. java 文件中,引用 XML 文件中建立的 SeekBar,定义一个 SeekBarChange 监听器,在 SeekBar 改变的时候,image. setAlpha(progress)随着 progress 的改变而发生改变。核心代码如下:

```
public void onCreate( Bundle savedInstanceState) {
    super. onCreate( savedInstanceState) ;
    setContentView( R. layout. main) ;
    final ImageView image = ( ImageView) findViewById
( R. id. image) ;
    SeekBar seekbar = ( SeekBar) findViewById( R. id.
seekBar1) ;
    seekbar. setOnSeekBarChangeListener( new OnSeekBarChangeListener( ) {
      public void onProgressChanged( SeekBar seekBar, int progress,
          boolean fromUser) {
        image. setAlpha( progress) ;
      }
      public void onStartTrackingTouch( SeekBar seekBar) {
        // TODO Auto – generated method stub
      }
      public void onStopTrackingTouch( SeekBar seekBar)
{
        // TODO Auto – generated method stub
      }
    }) ;
}
```

图 4.11　SeekBar 可以拖动改变图片透明效果的显示界面

Ch04_10_RatingBar 工程中实现了一个拖动星级评分条改变图片透明度的 RatingBar 实例,如图 4.12 所示。

XML 文件中(res/layout/main. xml)定义了一个 RatingBar 组件,其代码中 android:rating 是设置初始的选择值。

图 4.12　RatingBar 可以改变图片透明度的显示界面

RatingBarActivity. java 文件中,引用 XML 文件中建立的 RatingBar,主要代码与 SeekBar 中的方法基本相同,只是通过 image. setAlpha((int) (rating * 100 / 4))使图片的透明效果随着 RatingBar 的改变而变化。

4.2.7　时间处理组件

(1)数字时钟(DigitalClock)、模拟时钟(AnalogClock)和计时器(Chronometer)

在 Android 中,时间显示组件是很常用的,包括 DigitalClock、AnalogClock 和 Chronometer。

DigitalClock 继承自 TextView,表示其本身就是一个文本框,只不过其显示的内容是时间而已;AnalogClock 则继承自 View,它显示出来的是一个模拟时钟。同样是显示时钟,两者的不同之处在于 DigitalClock 可以显示秒数,而 AnalogClock 则不可以。

Chronometer 与 DigitalClock 一样,也继承自 TextView,但显示的并不是当前时间,而是显示某个时间点开始,一共经历了多长时间。

Ch04_11_Clock 工程是一个同时具有 DigitalClock、AnalogClock 和 Chronometer 的实例,如图 4.13 所示。

图 4.13 所示的界面中分别定义了一个 DigitalClock、AnalogClock 和 Chronometer,在 XML 文件中(res/layout/main. xml)的代码如下:

图 4.13　DigitalClock、AnalogClock 和 Chronometer 的显示界面

```
< TextView
android:layout_width = "fill_parent"
android:layout_height = "wrap_content"
android:gravity = "center"
android:text = "数字时钟"/ >
< DigitalClock
android:id = "@ + id/digitalClock"
android:layout_width = "wrap_content"
android:layout_height = "wrap_content"
android:layout_gravity = "center"
android:text = "DigitalClock"/ >
< TextView
android:layout_width = "fill_parent"
android:layout_height = "wrap_content"
android:gravity = "center"
android:text = "模拟时钟"/ >
< AnalogClock
android:id = "@ + id/analogClock"
```

```
android:layout_width = "wrap_content"
android:layout_height = "wrap_content"
android:layout_gravity = "center"/ >
< Button
android:id = "@ + id/button"
android:layout_width = "wrap_content"
android:layout_height = "wrap_content"
android:layout_gravity = "center"
android:text = "开始计时"/ >
< Chronometer
android:id = "@ + id/ch"
android:layout_width = "wrap_content"
android:layout_height = "wrap_content"
android:layout_gravity = "center"/ >
```

具体代码解释如下:

DigitalClock、AnalogClock 和 Chronometer 中,分别设置 android:layout_gravity = "center",显示在界面的中间。

ClockActivity. java 文件中,引用 XML 文件中建立的 DigitalClock、AnalogClock 和 Chronometer,Chronometer 是通过建立一个按钮监听器来监听按钮的变化,然后通过按钮的变化实现"开始计时"和"停止计时"功能。核心代码如下:

```
public void onCreate( Bundle savedInstanceState) {
super. onCreate( savedInstanceState) ;
setContentView( R. layout. main) ;
final Chronometer ch = ( Chronometer) findViewById( R. id. ch) ;
final Button button = ( Button) findViewById( R. id. button) ;
button. setOnClickListener( new View. OnClickListener( ) {
  public void onClick( View v) {
    if ( button. getText( ). equals( "开始计时") ) {
      ch. start( ) ;
      button. setText( "停止计时") ;
    } else {
      ch. stop( ) ;
      ch. setBase( SystemClock. elapsedRealtime( ) ) ;
      button. setText( "开始计时") ;
    }
  }
} ) ;
```

}

（2）日期选择器（DatePicker）和时间选择器（TimePicker）

在 Android 中也提供了常用的、可以让用户选择时间的组件，包括 DatePicker 和 TimePicker。虽然和之前介绍的 DigitalClock、AnalogClock 和 Chronometer 一样都是时间组件，但 DatePicker 和 TimePicker 都继承自 FrameLayout。

Ch04_12_DateAndTimePicker 工程是一个同时具有 DatePicker 和 TimePicker 的实例，如图 4.14 所示。

图 4.14 所示的界面中分别定义了一个 DatePicker 和 TimePicker，在 XML 文件中（res/layout/main. xml）的代码如下：

图 4.14　DatePicker 和 TimePicker
显示界面

```
< TextView
android:text = "请选择你想要设定的时间"
android:layout_width = "fill_parent"
android:layout_height = "wrap_content"
android:gravity = "center"/ >
 < DatePicker
android:id = "@ + id/datePicker"
android:layout_width = "wrap_content"
android:layout_height = "wrap_content"/ >
 < TimePicker
android:id = "@ + id/timePicker"
android:layout_width = "wrap_content"
android:layout_height = "wrap_content"/ >
 < EditText
android:id = "@ + id/show"
android:layout_width = "fill_parent"
android:layout_height = "wrap_content"
android:editable = "false"
android:cursorVisible = "false"/ >
```

DateAndTimePickerActivity. java 文件中，引用 XML 文件中建立的 DatePicker 和 TimePicker，分别为 DatePicker 和 TimePicker 设置一个监听器，当用户通过 DatePicker 和 TimePicker 修改信息之后，就会将信息呈现在 EditText 中，来识别用户选择之后的信息。核心代码如下：

```
public class DateAndTimePickerActivity extends Activity {
private int year;
private int month;
private int day;
private int hour;
private int minute;
```

```
@ Override
public void onCreate( Bundle savedInstanceState) {
    super. onCreate( savedInstanceState) ;
    setContentView( R. layout. main) ;
    DatePicker datepicker = ( DatePicker) findViewById( R. id. datePicker) ;
    TimePicker timepicker = ( TimePicker) findViewById( R. id. timePicker) ;
    // 获取当前的年、月、日、时、分
    Calendar cl = Calendar. getInstance( ) ;
    year = cl. get( Calendar. YEAR) ;
    month = cl. get( Calendar. MONTH) ;
    day = cl. get( Calendar. DAY_OF_MONTH) ;
    hour = cl. get( Calendar. HOUR) ;
    minute = cl. get( Calendar. MINUTE) ;
    // 为 DatePicker 指定监听器
    datepicker. init( year, month, day, new OnDateChangedListener( ) {
      public void onDateChanged( DatePicker view, int year1, int month1,
          int day1) {
        DateAndTimePickerActivity. this. year = year1;
        DateAndTimePickerActivity. this. month = month1;
        DateAndTimePickerActivity. this. day = day1;
        showDate( year, month, day, hour, minute) ;
      }
    }) ;
    timepicker. setOnTimeChangedListener( new OnTimeChangedListener( ) {
    public void onTimeChanged( TimePicker view, int hour1, int minute1) {
      DateAndTimePickerActivity. this. hour = hour1;
      DateAndTimePickerActivity. this. minute = minute1;
      showDate( year, month, day, hour, minute) ;
      }
    }) ;
  }
  protected void showDate( int year, int month, int day, int hour, int minute) {
    EditText show = ( EditText) findViewById( R. id. show) ;
    show. setText("您设定的日期为:" + year + "年" + month + "年" + day + "日"
+ hour + "时" + minute + "分") ;
    }
  }
```

4.2.8 视图处理组件

（1）图片视图（ImageView）

ImageView 继承自 View 组件。ImageView 除了能显示图片外，任何 drawable 对象都可以使用 ImageView 显示。

Ch04_13_ImageView 工程是实现了 ImageView 的实例，如图 4.15 所示。

图 4.15 所示的界面中定义了两个 ImageView，在 XML 文件中（res/layout/main.xml）的代码如下：

```
< ImageView
android:id = "@ + id/imageView"
android:layout_width = "fill_parent"
android:layout_height = "160dp"
android:layout_below = "@ + id/rl"
android:background = "@ drawable/n1"
android:src = "@ drawable/n3"
android:adjustViewBounds = "true"
android:scaleType = "fitCenter"/ >
< ImageView
android:id = "@ + id/imageView2"
android:layout_width = "fill_parent"
android:layout_height = "120dp"
android:scaleType = "fitCenter"
android:src = "@ drawable/n2"/ >
```

图 4.15 ImageView 显示界面

具体代码解释如下：

ImageView 中 android:adjustViewBounds = "true"是通过调整自己的边界来保持所显示图片的纵横比；android:scaleType = "fitCenter"是图片将保持纵横比进行缩放，直到图片可以完全显示在 ImageView 中。缩放完成后，图片将放在 ImageView 的中间。

（2）列表视图（ListView）

ListView 以垂直列表的形式显示所有列表项。在定义了一个 ListView 之后就需要为它所要显示的列表项添加内容，所以又要用到之前在 AutoCompleteTextView 和 Spinner 中用到的内容"Adapter"了，使用 Adapter 来负责提供所需要显示的列表项。

Ch04_14_ListView 工程是实现了 ListView 的实例，如图 4.16 所示。

图 4.16 所示的界面中定义了一个 ListView，在 XML 文件中（res/layout/main.xml）的代码如下：

图 4.16 ListView 显示界面

```
< ListView
android:id = "@ + id/MyListView"
android:layout_width = "wrap_content"
android:layout_height = "wrap_content"
android:dividerHeight = "1px"
android:divider = "#00FF33" >
</ListView >
```

具体代码解释如下：

ListView 中 android:dividerHeight 是设置分隔条的高度；android:divider 是设置分隔条的颜色。

为设置 ListView 的适配器数组，新建 XML 文件(res/layout/listitem. xml)，其代码如下：

```
< LinearLayout
android:layout_width = "fill_parent"
xmlns:android = "http://schemas. android. com/apk/res/android"
android:orientation = "vertical"
android:layout_height = "wrap_content"
android:id = "@ + id/MyListItem"
android:paddingBottom = "3dip"
android:paddingLeft = "10dip" >
< TextView
android:layout_height = "wrap_content"
android:layout_width = "fill_parent"
android:id = "@ + id/ItemTitle"
android:textSize = "30dip" >
</TextView >
< TextView
android:layout_height = "wrap_content"
android:layout_width = "fill_parent"
android:id = "@ + id/ItemText" >
</TextView >
</LinearLayout >
```

具体代码解释如下：

LinearLayout 中 android:paddingBottom 是 layout 在底部留出几个像素的空白区域；android:paddingLeft 是 layout 在左边留出几个像素的空白区域。

ListViewActivity. java 文件中，引用 XML 文件中建立的 ListView，提供一个 SimpleAdapter 适配器。创建了一个 SimpleAdapter 对象 SimpleAdapter(Context context, List < ? extends Map < String, ? > > data, int resource, String[ ] from, int[ ] to)，其参数为：context 是关联 SimpleAdapter 所运行的视图上下文；data 是一个 Map 的列表，在列表中的每个条目对应列表中的一行，

应该包含所有在 from 中指定的条目。如:本例中的 mylist 作为数据来源;resource 是一个定义列表项目的视图布局资源唯一标识,布局文件将至少应包含在 to 中定义了的名称。如:本例中的 R. layout. listitem,说明 res/layout/listitem. xml 作为界面布局,最后一个参数中的界面组件就来自于该界面布局;from 是一个将被添加到 Map 上关联每一个项目列名称的列表;to 是在参数 from 显示列的视图。这些应该全是 TextView。在列表中最初的 N 视图是从参数 from 中最初的 N 列中获取的值。核心代码如下:

```
public void onCreate( Bundle savedInstanceState) {
    super. onCreate( savedInstanceState) ;
    setContentView( R. layout. main) ;
    // 绑定 XML 中的 ListView,作为 Item 的容器
    ListView list = ( ListView) findViewById( R. id. MyListView) ;
    // 生成动态数组,并且转载数据
    ArrayList < HashMap < String, String > > mylist = new
        ArrayList < HashMap < String, String > > ( ) ;
    String [ ] ItemTitle = new String [ ] { "哈尔滨工程大学","哈尔滨工业大学","哈尔滨
医科大学","黑龙江大学","哈尔滨理工大学","哈尔滨林业大学"} ;
    for ( int i = 0; i < ItemTitle. length; i + + ) {
        HashMap < String, String > map = new HashMap < String, String > ( ) ;
        map. put( "ItemTitle" ,ItemTitle[ i] ) ;
        map. put( "ItemText" , "简介..." ) ;
        mylist. add( map) ;
    }
    // 生成 SimpleAdapter 适配器
    SimpleAdapter simpleA = newSimpleAdapter( this,
        mylist,// 数据来源
        R. layout. listitem,// ListItem 的 XML 实现
        // 动态数组与 ListItem 对应的子项
        new String[ ] { "ItemTitle" , "ItemText" },
        // ListItem 的 XML 文件里面的两个 TextView ID
        newint[ ] { R. id. ItemTitle, R. id. ItemText }) ;
    // 添加并且显示
    list. setAdapter( simpleA) ;
    }
```

(3)滚动视图(ScrollView)

ScrollView 是一种可供用户显示滚动内容的层次结构布局组件,允许显示比实际多的内容。它是由 FramLayout 派生出来的,在 ScrollView 中最多只能包含一个组件。默认情况下,ScrollView 只为该组件提供一个垂直滚动条,如果想要添加水平滚动条则需要使用 Horizontal-ScrollView 实现。

Ch04_15_ScrollView 工程是实现了 ScrollView 的实例,如图 4.17 所示。

图 4.17 所示的界面中定义了两个 ScrollView,在 XML 文件中(res/layout/main. xml)的代码如下:

<! - -定义 ScrollView,为里面的组件添加垂直滚动条
- - >

< ScrollViewxmlns:android = " http://schemas. android. com/apk/res/android"

  android:layout_width = "fill_parent"

  android:layout_height = "fill_parent"

  >

<! - -定义 HorizontalScrollView,为里面的组件添加水平滚动条 - - >

 < HorizontalScrollView

  android:layout_width = "fill_parent"

  android:layout_height = "wrap_content" >

 < LinearLayoutandroid:orientation = "vertical"

  android:layout_width = "fill_parent"

  android:layout_height = "fill_parent" >

 < TextViewandroid:layout_width = "wrap_content"

  android:layout_height = "wrap_content"

  android:text = "水调歌头·明月几时有"

   android:textSize = "30dp"/ >

  ……省略水调歌头词的 TextView

 </LinearLayout >

 </HorizontalScrollView >

</ScrollView >

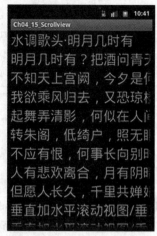

图 4.17　ScrollView 显示界面

具体代码解释如下:

首先定义了一个 ScrollView 组件,然后紧接着定义了一个 HorizontalScrollView 组件,这样使视图实现了一个垂直、水平同时可以滚动的效果。

(4)网格视图(GridView)

GridView 与 ListView 拥有共同的父类 AbsListView,这说明这两个组件在很多方面拥有相同的属性。只是 ListView 仅在一列显示数据,属于一维的,而 GridView 则属于二维的。同样的,如果要在 GridView 中显示图片数据,也需要一个 Adapter 来提供所要显示的图片数据。

Ch04_16_GridView 工程是实现了 GridView 的实例,如图 4.18 所示。

图 4.18　GridView 显示界面

在 XML 文件中(res/layout/main. xml)的代码如下：

```
< GridView
android:id = " @ + id/gridview"
android:layout_width = " wrap_content"
android:layout_height = " wrap_content"
android:numColumns = " 3"
android:gravity = " center_horizontal" >
</GridView >
```

具体代码解释如下：

定义了一个 GridView 组件,设置 numColumns = "3",列数为 3,如果不为 numColumns 赋值,则默认值为 1,将变成 ListView。

为设置 GridView 的适配器数组,新建 XML 文件(res/layout/ grid_item. xml),其代码如下：

```
< RelativeLayout
android:id = " @ + id/RelativeLayout01"
android:layout_width = " fill_parent"
android:layout_height = " fill_parent"
xmlns:android = " http://schemas. android. com/apk/res/android" >
< ImageView
android:id = " @ + id/image_item"
android:layout_width = " wrap_content"
android:layout_height = " wrap_content" >
</ImageView >
< TextView
android:id = " @ + id/text_item"
android:layout_below = " @ + id/image_item"
android:layout_centerHorizontal = " true"
android:layout_height = " wrap_content"
android:layout_width = " wrap_content" >
</TextView >
</RelativeLayout >
```

GridViewActivity. java 文件中,引用 XML 文件中建立的 GridView,提供一个 SimpleAdapter 适配器。核心代码如下：

```
private GridView gridview;
@ Override
protected void onCreate( Bundle savedInstanceState) {
    // TODO Auto – generated method stub
    super. onCreate( savedInstanceState) ;
    setContentView( R. layout. main) ;
```

```
// 准备要添加的数据条目
List < Map < String, Object > > items = new ArrayList < Map < String, Object > > ();
int[] image = new int[]{R. drawable. m1, R. drawable. m2, R. drawable. m3,
    R. drawable. m4, R. drawable. m5, R. drawable. m6, R. drawable. m7,
    R. drawable. m8, R. drawable. m9, R. drawable. m10, R. drawable. m11,
    R. drawable. m12};
for (int i = 0; i < image. length; i + +) {
    Map < String, Object > item = new HashMap < String, Object > ();
    item. put("imageItem", image[i]);
    item. put("textItem", "image" + i);
    items. add(item);
}
// 实例化一个适配器
SimpleAdapter adapter = new SimpleAdapter(this, items,
        R. layout. grid_item, new String[] { "imageItem", "textItem" },
    R. layout. grid_item, new String[] { "imageItem", "textItem" },
// 获得 GridView 实例
gridview = (GridView) findViewById(R. id. gridview);
// gridview. setNumColumns(3);//可以在 xml 中设置
// gridview. setGravity(Gravity. CENTER);//可以在 xml 中设置
// 将 GridView 和数据适配器关联
gridview. setAdapter(adapter);
    }
```

(5)画廊视图(Gallery)和图片切换(ImageSwitcher)

Gallery 与 Spinner 拥有共同的父类 AbsSpinner。两者之间的区别是 Spinner 为垂直方向的列表选项,而 Gallery 为水平方向的列表选项。通常用户所习惯的是水平方向的拖动,就是 Gallery 所提供的,而 Spinner 提供给用户的却是选择。

ImageSwitcher 是由 FrameLayout 派生出来的,它和 ImageView 组件一样,都可以显示图片,但 ImageSwitcher 在显示的图片切换时可以设置动画效果。

Ch04_17_Gallery 工程是具有 Gallery 和 ImageSwitcher 的实例,如图 4.19 所示。

图 4.19 所示的界面中分别定义了一个 ImageSwitcher 和 Gallery,在 XML 文件中(res/layout/main. xml)的代码如下:

```
< ImageSwitcher
android:id = "@ + id/switcher"
```

图 4.19　Gallery 和 ImageSwitcher
显示界面

```
android:layout_width = "320dp"
android:layout_height = "320dp"/ >
< Gallery
android:layout_width = "fill_parent"
android:layout_height = "wrap_content"
android:id = "@ + id/gallery"
android:gravity = "center_vertical"
android:spacing = "3pt"
android:unselectedAlpha = "0.6"
android:background = "? android:galleryItemBackground"/ >
```

GalleryActivity. java 文件中，引用 XML 文件中建立的 Gallery 和 ImageSwitcher，通过 switcher. setInAnimation/setOutAnimation 设置 ImageSwitcher 的图片切换动画效果。核心代码如下：

```
int[ ] imageIds = new int[ ] { R. drawable. m1, R. drawable. m2, R. drawable. m3,
        R. drawable. m4, R. drawable. m5 };
@ Override
public void onCreate( Bundle savedInstanceState) {
    super. onCreate( savedInstanceState) ;
    setContentView( R. layout. main) ;
    final Gallery gallery = ( Gallery) findViewById( R. id. gallery) ;
    // 获取显示图片的 ImageSwitcher 对象
final ImageSwitcher switcher = ( ImageSwitcher) findViewById( R. id. switcher) ;
    // 为 ImageSwitcher 对象设置 ViewFactory 对象
    switcher. setFactory( new ViewFactory( ) {
      public View makeView( ) {
        ImageView imageView = new ImageView( GalleryActivity. this) ;
        // imageView. setBackgroundColor( 0xff0000) ;
imageView. setScaleType( ImageView. ScaleType. CENTER_INSIDE) ;
        imageView. setLayoutParams( new ImageSwitcher. LayoutParams(
        LayoutParams. WRAP_CONTENT,
LayoutParams. WRAP_CONTENT) ) ;
        return imageView;
      }
    }) ;
    // 设置图片更换的动画效果
    switcher. setInAnimation( AnimationUtils. loadAnimation( this, android. R. anim. fade_in) ) ;
    switcher. setOutAnimation ( AnimationUtils. loadAnimation ( this, android. R. anim. fade_
out) ) ;
    // 创建一个 BaseAdapter 对象, 该对象负责提供 Gallery 所显示的图片
    BaseAdapter adapter = new BaseAdapter( ) {
```

```
    public int getCount() {
        return imageIds.length;
    }
    public Object getItem(int position) {
        return position;
    }
    public long getItemId(int position) {
        return position;
    }
    // 该方法返回的 View 就是代表了每个列表项
public View getView(int position, View convertView, ViewGroup parent) {
    // 创建一个 ImageView
    ImageView imageView = newImageView(GalleryActivity.this);
    imageView
        .setImageResource(imageIds[position % imageIds.length]);
    // 设置 ImageView 的缩放类型
    imageView.setScaleType(ImageView.ScaleType.FIT_XY);
    imageView.setLayoutParams(new Gallery.LayoutParams(100, 100));
    return imageView;
    }
};
gallery.setAdapter(adapter);
gallery.setOnItemSelectedListener(new OnItemSelectedListener() {
    // 当 Gallery 选中项发生改变时触发该方法
    public void onItemSelected(AdapterView<?> parent, View view,
        int position, long id) {
        switcher.setImageResource(imageIds[position % imageIds.length]);
    }
    public void onNothingSelected(AdapterView<?> parent) {
    }
});
}
```

习　　题

1. MVC 模型的原理是什么？它在 Android 图形用户界面设计中是如何运用的？

2. TextView 和 EditText 之间有什么区别？

3. 设计实现一个普通的登录页面。

第 5 章

Android 的界面布局

学习目标：

➤ 了解 Android 平台下的 View 类和 ViewGroup 类

➤ 掌握 Android 各种界面布局的特点和使用方法

Android 平台下的界面布局是应用程序开发的重要组成部分，决定了应用程序是否美观、易用。通过本章的学习首先可以使读者对 Android 平台下的 View 类和 ViewGroup 类有一个认识，从而掌握 Android 中的各种界面布局。

5.1　View 类和 ViewGroup 类

在掌握 Android 的界面布局之前，开发者们应先了解 Android 平台下的 View 类和 View-Group 类。

（1）View 类

View 类是一个重要的基类，所有在界面上可见的组件都是 View 的子类，主要提供控制、绘制和事件处理的方法。用户界面所使用的组件，如：TextView、Button、CheckBox 都继承于 View。

关于 View 及其子类的相关属性，既可以在 XML 文件中进行设置，也可以通过成员方法动态地设置，View 类常用的属性及属性对应的设置方法见表 5.1。

表 5.1　View 类常用的属性及属性对应的设置方法

属性名称	说　明
android:background	背景色/背景图片
android:clickable	是否响应点击事件
android:contentDescription	View 的备注说明，作为一种辅助功能，为一些没有文字描述的 View 提供说明
android:drawingCacheQuality	绘图时半透明质量，auto：默认，由框架决定；high：高质量，使用较高的颜色深度，消耗更多的内存；low：低质量，使用较低的颜色深度，但是用更少的内存
android:duplicateParentState	从父容器中获取绘图状态（如光标、按下等）
android:fadingEdge	拉滚动条时，边框渐变的方向。none：边框颜色不变；horizontal：水平方向颜色变淡；vertical：垂直方向颜色变淡
android:fadingEdgeLength	设置边框渐变的长度

续表 5.1

属性名称	说　明
android：fitsSystemWindows	布局调整时，是否考虑系统窗口（如状态栏）
android：focusable	是否获得焦点
android：focusableInTouchMode	在 Touch 模式下 View 是否能取得焦点
android：hapticFeedbackEnabled	长按时是否接受其他触摸反馈事件
android：id	给 View 设置一个在当前 layout.xml 中唯一的编号，可以通过调用 View.findViewById（）或者 Activity.findViewById（）根据这个编号查找到对应的 View
android：isScrollContainer	当前 View 为滚动容器
android：keepScreenOn	View 在可见的情况下是否保持唤醒状态
android：longClickable	是否响应长按事件
android：minHeight	视图最小高度
android：minWidth	视图最小宽度
android：nextFocusDown	下方指定视图获得下一个焦点
android：nextFocusLeft	左边指定视图获得下一个焦点
android：nextFocusRight	右边指定视图获得下一个焦点
android：nextFocusUp	上方指定视图获得下一个焦点
android：onClick	点击时从上下文中调用指定的方法
android：padding	上下左右的边距，以像素为单位填充空白
android：paddingBottom	底部的边距，以像素为单位填充空白
android：paddingLeft	左边的边距，以像素为单位填充空白
android：paddingRight	右边的边距，以像素为单位填充空白
android：paddingTop	上方的边距，以像素为单位填充空白
android：saveEnabled	是否在窗口冻结时（如旋转屏幕）保存 View 的数据，默认为 true，但是前提是需要设置 id 才能自动保存
android：scrollX	以像素为单位设置水平方向滚动的偏移值，在 GridView 中可看到这个效果
android：scrollY	以像素为单位设置垂直方向滚动的偏移值
android：scrollbarAlwaysDrawHorizontalTrack	是否始终显示水平滚动条
android：scrollbarAlwaysDrawVerticalTrack	是否始终显示垂直滚动条
android：scrollbarDefaultDelayBeforeFade	N ms 后开始淡化，以 ms 为单位
android：scrollbarFadeDuration	滚动条淡出效果（从有到慢慢地变淡直至消失）时间，以 ms 为单位
android：scrollbarSize	滚动条的宽度
android：scrollbarStyle	滚动条的风格和位置
android：scrollbarThumbHorizontal	水平滚动条的 drawable（如颜色）
android：scrollbarThumbVertical	垂直滚动条的 drawable（如颜色）
android：scrollbarTrackHorizontal	水平滚动条背景的 drawable（如颜色）
android：scrollbarTrackVertical	垂直滚动条背景的 drawable
android：scrollbars	滚动条显示。none：隐藏；horizontal：水平；vertical：垂直
android：soundEffectsEnabled	点击或者触摸时是否有声音效果
android：tag	一个文本标签
android：visibility	是否显示 View。Visible：默认值，显示；invisible：不显示，但是仍然占用空间；gone：不显示，不占用空间

（2）ViewGroup 类

ViewGroup 类是 View 的子类，但是可以充当其他组件的容器。如：GridView 和 Gallery 等都继承于 ViewGroup。

同时，对于 Android 的界面布局其本身也是一个界面组件，Android 的所有界面布局都是 ViewGroup 的子类。图 5.1 是 ViewGroup 与 View 和 Android 的所有界面布局之间的类图关系。

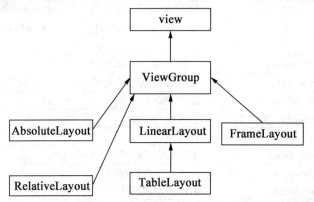

图 5.1   ViewGroup 与 View 和 Android 的所有界面布局之间的类图关系

在图 5.1 中，所有的类都可以作为容器类使用，可以调用多个重载的 addView( )向界面布局中添加组件。由于界面布局也继承了 View，所以可以作为普通界面组件使用，并且完全可以将一个界面嵌套到其他界面布局中。

5.2   LinerLayout

LinerLayout 是最简单的布局，它提供给开发者的是一个可以控制的水平或者垂直排列的模型。LinerLayout 的布局属性既可以在 XML 文件中设置，也可以通过成员方法进行设置。其常用的属性及属性对应的设置方法见表 5.2。

表 5.2   LinerLayout 常用的属性及属性对应的设置方法

属性名称	对应方法	说　明
android:orientation	setOrientation(int orientation)	设置线性布局的排列方式，可取水平（horizontal）和垂直（vertical）
android:gravity	setGravity(int gravity)	设置线性布局内部组件的对齐方式，支持 top、bottom、left、right、center_vertical、fill_vertical、center_horizontal、fill_horizontal、center、fill、clip_vertical、clip_horizontal 等。也可以同时指定对齐方式的组合，如：right｜center_vertical 代表出现在屏幕右侧而且垂直居中，竖线"｜"前后不可以出现空格

Ch05_01_LinearLayout 工程是通过嵌套两个 LinerLayout 实现水平和垂直效果的实例，如

图 5.2 所示。

在 XML 文件中(res/layout/main. xml)的代码如下：

```
< ?  xmlversion = "1.0" encoding = "utf - 8"?  >
< LinearLayoutxmlns：android = " http：//schemas. android.
com/apk/res/android"
android：layout_width = "fill_parent"
android：layout_height = "fill_parent"
android：gravity = "top|center"
android：orientation = "vertical" >
 < EditText
android：id = "@ + id/et1"
android：layout_width = "fill_parent"
android：layout_height = "wrap_content"/ >
 < LinearLayout
android：layout_width = "wrap_content"
android：layout_height = "wrap_content"
android：orientation = "horizontal" >
 < Button
android：id = "@ + id/bn1"
android：layout_width = "wrap_content"
android：layout_height = "wrap_content"
android：text = "@ string/no"/ >
 < Button
android：id = "@ + id/bn2"
android：layout_width = "wrap_content"
android：layout_height = "wrap_content"
android：text = "@ string/yes"/ >
 </LinearLayout >
     </LinearLayout >
```

图 5.2　LinerLayout 显示界面

具体代码解释如下：

LinerLayout 中 android：gravity = "top|center" 是整个组件自顶而下排列；android：orientation = "vertical" ,EditText 和 Button 组件总体垂直排列；android：orientation = "horizontal" ,两个 Button 组件呈现水平排列。

值得注意的是,在 LinerLayout 中,垂直排列时占一列,水平排列时占一行,当水平或者垂直排列超过一行或者一列时,超出屏幕的组件将不会被显示。解决此问题可以使用 ScrollView 组件。

5.3 TableLayout

TableLayout 是以行和列的形式管理组件的,在 TableLayout 中并不需要明确地声明包含几行或者几列,而是通过添加 TableRow 或者其他组件控制表格的行数和列数。如:在每个 TableLayout 中添加一个 TableRow 后,这个 TableRow 就是一个表格行,同时在这个 TableRow 中也可以不断地添加其他组件,每添加一个组件这个表格就增加一列,如每个 TableLayout 中添加组件后,这个组件就直接占用一行。在 TableLayout 中可以有空的单元格,单元格可以跨越多个列。

在 TableLayout 中,一个列的宽度由该列中最宽的单元格决定,而整个表格的布局则由父容器的宽度决定。

在 TableLayout 中可以为列设置如下三种属性:

①Shrinkable:该列的宽度可以进行收缩,以使组件能够适应其父容器的大小。

②Stretchable:该列的宽度可以进行拉伸,以使组件可以完全填充表格中的空闲空间。

③Collapsed:该列将会被隐藏。

在一列中可以同时拥有 Shrinkable 和 Stretchable 两个属性,表明该列的宽度将任意拉伸或者收缩以适应父容器。

TableLayout 继承自 LinerLayout,因此它完全可以支持 LinerLayout 所支持的所有属性,除此之外,TableLayout 还有一些常用的属性及属性对应的设置方法,见表5.3。

表5.3 TableLayout 常用的属性及属性对应的设置方法

属性名称	对应方法	说明
android:shrinkColumns	setShrinkAllColumns(boolean)	设置允许被收缩的列序号,列号从 0 开始,多个列序号之间用逗号隔开
Android:stretchColumns	setStretchAllColumns(boolean)	设置被允许拉伸的列序号,列号从 0 开始,多个列序号之间用逗号隔开
android:collapseColumns	setColumnCollapsed (int columnIndex, boolean isCollapsed)	设置需要被隐藏的列序号,列号从 0 开始,多个列序号之间用逗号隔开

Ch05_02_TableLayout 工程是通过定义三个 TableLayout,分别对各列进行不同控制的实例,如图5.3所示。

在 XML 文件中(res/layout/main.xml)的代码如下:

```
<? xmlversion = "1.0" encoding = "utf - 8"? >
<LinearLayoutxmlns:android = "http://schemas.android.com/apk/res/android"
android:layout_width = "fill_parent"
android:layout_height = "fill_parent"
android:orientation = "vertical" >
```

<！－－定义第一个表格布局,指定第二列允许收缩,第三列允许拉伸 －－>

　　<TableLayout

　　android:id = "@ + id/TableLayout01"

　　android:layout_width = "fill_parent"

　　android:layout_height = "wrap_content"

　　android:shrinkColumns = "1"

　　android:stretchColumns = "2" >

　　<！－－直接添加按钮,占一行 －－>

　　<Button

　　android:id = "@ + id/ok1"

　　android:layout_width = "wrap_content"

　　android:layout_height = "wrap_content"

　　android:text = "@ string/button1"/ >

　　<！－－添加一个表格行 －－>

　　<TableRow >

　　<！－－为该表格行添加三个按钮 －－>

　　<Button

　　android:id = "@ + id/ok2"

　　android:layout_width = "wrap_content"

　　android:layout_height = "wrap_content"

　　android:text = "@ string/button6"/ >

　　<Button

　　android:id = "@ + id/ok3"

　　android:layout_width = "wrap_content"

　　android:layout_height = "wrap_content"

　　android:text = "@ string/button3"/ >

　　<Button

　　android:id = "@ + id/ok4"

　　android:layout_width = "wrap_content"

　　android:layout_height = "wrap_content"

　　android:text = "@ string/button4"/ >

　　</TableRow >

　　</TableLayout >

　　<！－－定义第二个表格布局,指定第二列隐藏 －－>

　　<TableLayout

　　android:id = "@ + id/TableLayout01"

图 5.3　TableLayout 显示界面

```
android:layout_width = "fill_parent"
android:layout_height = "wrap_content"
android:collapseColumns = "1" >
<! - -直接添加按钮,占一行 - - >
< Button
android:id = "@ + id/ok5"
android:layout_width = "wrap_content"
android:layout_height = "wrap_content"
android:text = "@ string/button2"/ >
<! - -定义一个表格行 - - >
< TableRow >
<! - -为该表格行添加三个按钮 - - >
< Button
android:id = "@ + id/ok6"
android:layout_width = "wrap_content"
android:layout_height = "wrap_content"
android:text = "@ string/button5"/ >
< Button
android:id = "@ + id/ok7"
android:layout_width = "wrap_content"
android:layout_height = "wrap_content"
android:text = "@ string/button6"/ >
< Button
android:id = "@ + id/ok8"
android:layout_width = "wrap_content"
android:layout_height = "wrap_content"
android:text = "@ string/button7"/ >
</TableRow >
</TableLayout >
<! - -定义第三个表格布局,指定第二和第三两列可以被拉伸 - - >
< TableLayout
android:id = "@ + id/TableLayout01"
android:layout_width = "fill_parent"
android:layout_height = "wrap_content"
android:stretchColumns = "1,2" >
<! - -直接添加按钮,占一行 - - >
< Button
```

```
android:id = "@ + id/ok9"
android:layout_width = "wrap_content"
android:layout_height = "wrap_content"
android:text = "@ string/button1"/ >
```
<! – –定义一个表格行 – – >
```
< TableRow >
```
<! – –为该表格行添加三个按钮 – – >
```
< Button
android:id = "@ + id/ok10"
android:layout_width = "wrap_content"
android:layout_height = "wrap_content"
android:text = "@ string/button2"/ >
< Button
android:id = "@ + id/ok11"
android:layout_width = "wrap_content"
android:layout_height = "wrap_content"
android:text = "@ string/button4"/ >
< Button
android:id = "@ + id/ok12"
android:layout_width = "wrap_content"
android:layout_height = "wrap_content"
android:text = "@ string/button4"/ >
</ TableRow >
```
<! – –定义一个表格行 – – >
```
< TableRow >
```
<! – –为该表格行添加两个按钮 – – >
```
< Button
android:id = "@ + id/ok13"
android:layout_width = "wrap_content"
android:layout_height = "wrap_content"
android:text = "@ string/button2"/ >
< Button
android:id = "@ + id/ok14"
android:layout_width = "wrap_content"
android:layout_height = "wrap_content"
android:text = "@ string/button4"/ >
</ TableRow >
```

</TableLayout >

</LinearLayout >

具体代码解释如下：

（1）第一个 TableLayout 中，设置第二行第二列允许收缩，第三列允许拉伸

在 TableLayout 中添加两行，第一行直接添加一个 Button，则该 Button 占用一整行；第二行使用 TableRow，并为 TableRow 添加三个 Button，这行将包含三列。

（2）第二个 TableLayout 中，设置第二行第二列被隐藏

在 TableLayout 中添加两行，同样第一行直接添加一个 Button，则该 Button 占用一整行；第二行使用 TableRow，并为 TableRow 添加三个 Button，由于 android:collapseColumns = "1"，所以显示界面只有两列。

（3）第三个 TableLayout 中，设置第二列和第三列允许拉伸

在 TableLayout 中添加三行，同样第一行直接添加一个 Button，则该 Button 占用一整行；第二行使用 TableRow 并在其中添加了三个 Button，这行将包含三列；第三行也使用 TableRow，但是只添加了两个 Button，这就表明第三行只有两列，第三列为空白。

对于 XML 文件中（res/layout/main.xml）的所有代码，为了便于管理，可以将 Button 文本的字符串集中放置在 res/values/strings.xml 中。具体代码如下：

```
< ? xml version = "1.0" encoding = "utf - 8"?  >
< resources >
    < string name = "hello" >Hello World, TableLayoutActivity!  </string >
    < string name = "app_name" >Ch05_02_TableLayout </string >
    < string name = "button1" >我是独自一行的按钮 </string >
    < string name = "button2" >普通按钮 </string >
    < string name = "button3" >我是被收缩的按钮 </string >
    < string name = "button4" >被拉伸的按钮 </string >
    < string name = "button5" >我是普通按钮 1 </string >
    < string name = "button6" >我是普通按钮 2 </string >
    < string name = "button7" >我是普通按钮 3 </string >
</resources >
```

5.4   RelativeLayout

在 RelativeLayout 中，组件的位置是相对于兄弟组件或者父容器而决定的。在设计时要按照组件之间的依赖关系排列。如：A 组件的位置是由 B 组件的位置决定的，则需要先定义 B 组件，再定义 A 组件。

为控制布局容器中各个组件的布局分布，RelativeLayout 提供了一个内部类 RelativeLayout.LayoutParams，该类提供了大量的属性来控制 RelativeLayout 布局容器中组件的布局分布。

RelativeLayout.LayoutParams 中一些属性值只能设置为 true、false，见表 5.4。

表 5.4　RelativeLayout. LayoutParams 中设置为 boolean 值的属性

属　性	说　明
android：layout_centerHorizontal	控制组件是否位于布局容器的水平居中位置
android：layout_centerVertical	控制组件是否位于布局容器的垂直居中位置
android：layout_centerInParent	控制组件是否位于布局容器的中央位置
android：layout_alignParentBottom	控制组件是否与布局容器底端对齐
android：layout_alignParentLeft	控制组件是否与布局容器左边对齐
android：layout_alignParentRignt	控制组件是否与布局容器右边对齐
android：layout_alignParentTop	控制组件是否与布局容器顶部对齐

RelativeLayout. LayoutParams 中一些属性值只能设置为其他 UI 组件 ID 的属性，见表 5.5。

表 5.5　RelativeLayout. LayoutParams 中设置为其他 UI 组件 ID 的属性

属　性	说　明
android：layout_toRightOf	控制组件位于给出 ID 组件的右侧
android：layout_toLeftOf	控制组件位于给出 ID 组件的左侧
android：layout_above	控制组件位于给出 ID 组件的上方
android：layout_below	控制组件位于给出 ID 组件的下方
android：layout_alignTop	控制组件位于给出 ID 组件的上边界对齐
android：layout_alignBottom	控制组件位于给出 ID 组件的下边界对齐
android：layout_alignLeft	控制组件位于给出 ID 组件的左边界对齐
android：layout_alignRight	控制组件位于给出 ID 组件的右边界对齐

RelativeLayout. LayoutParams 中一些属性值只能设置为以像素为单位的属性，见表 5.6。

表 5.6　RelativeLayout. LayoutParams 中设置为像素的属性

属　性	说　明
android：layout_marginLeft	当前控件左侧的留白
android：layout_marginRight	当前控件右侧的留白
android：layout_marginTop	当前控件上方的留白
android：layout_marginBottom	当前控件下方的留白

RelativeLayout 还可支持如表 5.7 所示的两个常用属性及属性对应的设置方法。

表 5.7　RelativeLayout 的 XML 属性及相关方法说明

属性名称	对应方法	说　明
android：gravity	SetGravity(int gravity)	设置该布局管理器内部各组件的对齐方式
android：ignoregravity	SetIgnoreGravity(int viewId)	设置哪个组件不受 gravity 组件的影响

在 RelativeLayout 中设置各组件相对属性时,需要注意的是避免出现循环依赖,如:当设置 RelativeLayout 在父容器中的排列方式为 wrap_content,则不能再将 RelativeLayout 的子控件设置为 align_parent_top。

Ch05_03_RelativeLayout 工程是实现 RelativeLayout 的实例,如图 5.4 所示。

图 5.4　RelativeLayout 显示界面

在 XML 文件中(res/layout/main. xml)的代码如下:

```
< ImageView
android: id = " @ + id/imag1 "
android: layout_width = " 100px "
android: layout_height = " 100px "
android: src = " @ drawable/imag1 "
android: layout_centerInParent = " true " / >
< ImageView
android: id = " @ + id/imag2 "
android: layout_width = " 100px "
android: layout_height = " 100px "
android: src = " @ drawable/imag2 "
android: layout_above = " @ id/imag1 "
android: layout_alignLeft = " @ id/imag1 " / >
< ImageView
android: id = " @ + id/imag3 "
android: layout_width = " 100px "
android: layout_height = " 100px "
android: src = " @ drawable/imag3 "
android: layout_below = " @ id/imag1 "
android: layout_alignLeft = " @ id/imag1 " / >
< ImageView
android: id = " @ + id/imag4 "
android: layout_width = " 100px "
android: layout_height = " 100px "
android: src = " @ drawable/imag4 "
android: layout_toLeftOf = " @ id/imag1 "
android: layout_alignTop = " @ id/imag1 " / >
< ImageView
android: id = " @ + id/imag5 "
android: layout_width = " 100px "
```

```
android:layout_height = "100px"
android:src = "@drawable/imag5"
android:layout_toRightOf = "@id/imag1"
android:layout_alignTop = "@id/imag1"/>
</RelativeLayout>
```

具体代码解释如下：

第一个 ImageView 组件设置于父容器的中央，其他四个 ImageView 依次环绕于第一个组件的四周；第二个 ImageView 中 android:layout_above = "@id/imag1"，使其处于第一个 ImageView 的上方，android:layout_alignLeft = "@id/imag1"，使其与第一个 ImageView 的左面对齐；其他三个 ImageView 使用了与第二个 ImageView 同样的设置方法。

5.5　FramLayout

FramLayout 是在屏幕上开辟了一块区域，为每一个加入其中的组件创建一个空白的区域（称为一帧），这些帧会根据 gravity 属性执行自动对齐。FramLayout 的大小由组件中尺寸最大的决定，如果组件一样大，则同一时刻只能看到最上面的组件。

FramLayout 继承于 ViewGroup，除了继承父类的属性和方法外，FramLayout 类中还包含了自己特有的属性和方法，见表 5.8。

表 5.8　FramLayout 属性及对应方法

属性名称	对应方法	说　明
android:foreground	SetForeground(Drawable)	设置该布局容器的前景图像
android:foregroundGravity	SetForegroundGravity (int foregroundGravity)	定义绘制前景图像的 gravity 属性

Ch05_04_FrameLayout 工程是实现 FramLayout 的实例，如图 5.5 所示。

在 XML 文件中（res/layout/main.xml）的代码如下：

```
<! - - 依次定义 7 个 TextView,先定义的 TextView 位
于底层,后定义的 TextView 位于上层 - - >
<TextViewandroid:id = "@ + id/View01"
android:layout_width = "wrap_content"
android:layout_height = "wrap_content"
android:width = "50px"
android:height = "210px"
android:background = "#ff0000"
/>
```

图 5.5　FramLayout 显示界面

```xml
<TextViewandroid:id = " @ + id/View02"
android:layout_width = " wrap_content"
android:layout_height = " wrap_content"
android:width = " 50px"
android:height = " 180px"
android:background = " #dd0000"
/ >
<TextViewandroid:id = " @ + id/View03"
android:layout_width = " wrap_content"
android:layout_height = " wrap_content"
android:width = " 50px"
android:height = " 150px"
android:background = " #bb0000"
/ >
<TextViewandroid:id = " @ + id/View04"
android:layout_width = " wrap_content"
android:layout_height = " wrap_content"
android:width = " 50px"
android:height = " 120px"
android:background = " #990000"
/ >
<TextViewandroid:id = " @ + id/View05"
android:layout_width = " wrap_content"
android:layout_height = " wrap_content"
android:width = " 50px"
android:height = " 90px"
android:background = " #770000"
/ >
<TextViewandroid:id = " @ + id/View06"
android:layout_width = " wrap_content"
android:layout_height = " wrap_content"
android:width = " 50px"
android:height = " 60px"
android:background = " #550000"
/ >
<TextViewandroid:id = " @ + id/View07"
android:layout_width = " wrap_content"
```

```
android:layout_height = " wrap_content"
android:width = "50px"
android:height = "30px"
android:background = "#330000"
/ >
</FrameLayout>
```

具体代码解释如下:

为了保证最后添加的 TextView 不被完全遮挡,在 Framlayout 中的七个 TextView 设置宽度完全相同,高度逐渐减少;同时为了区分各个 TextView 设置背景色是渐变的。

5.6　AbsoluteLayout

AbsoluteLayout 是指屏幕中所有组件的位置都是开发者通过设置组件的坐标来实现的,组件容器不再负责管理其组件的位置。

使用 AbsoluteLayout 时,每个组件都可以指定如下两个属性:

①android:layout_x:指定组件的 x 坐标。

②android:layout_y:指定组件的 y 坐标。

Ch05_05_AbsoluteLayout 工程是实现 AbsoluteLayout 的实例,如图 5.6 所示。

在 XML 文件中(res/layout/main.xml)的代码如下:

图 5.6　AbsoluteLayout 显示界面

```
<! --定义一个文本框,使用绝对布局 -->
<! --定义一个文本编辑框,使用绝对布局 -->
<EditText
android:layout_x = "80dip"
android:layout_y = "15dip"
android:layout_width = " wrap_content"
android:width = "200px"
android:layout_height = " wrap_content"
/ >
<! --定义一个文本框,使用绝对布局-->
<! --定义一个文本编辑框,使用绝对布局-->
<EditText
android:layout_x = "80dip"
android:layout_y = "75dip"
android:layout_width = " wrap_content"
android:width = "200px"
```

```
android:layout_height = "wrap_content"
android:password = "true"
/ >
<! --定义一个按钮,使用绝对布局 -->
<Button
android:layout_x = "130dip"
android:layout_y = "135dip"
android:layout_width = "wrap_content"
android:layout_height = "wrap_content"
android:text = "登录"
/ >
<TextView
android:layout_width = "wrap_content"
android:layout_height = "wrap_content"
android:layout_x = "22dp"
android:layout_y = "92dp"
android:text = "密码:"/ >
<TextView
android:layout_width = "wrap_content"
android:layout_height = "wrap_content"
android:layout_x = "18dp"
android:layout_y = "33dp"
android:text = "用户名:"/ >
</AbsoluteLayout >
```

具体代码解释如下:

为了使各个组件的位置能够相对较好地显示在界面上,在 AbsoluteLayout 中,每个组件都是由 layout_x 和 layout_y 两个属性定位的。

在实际应用中,如果使各个组件的位置能够相对较好地显示在界面上,必须经过仔细计算,然后不断调整才会显示想要实现的界面效果,这个过程是很繁琐的,而且在 AVD 中即使界面布局已经调整好了,也并不代表放到 Android 手机中会有同样的显示效果,因为运行 Android 应用的手机往往千差万别,使用 AbsoluteLayout 布局很难兼顾不同屏幕的大小和分辨率问题,所以在做界面布局设计的时候,建议开发者尽量不要使用 AbsoluteLayout。

习　题

1. 在 Android 系统中一共有几种界面布局? 简述这几种布局的特点。

2. 利用不同的界面布局设计登录界面,简单叙述各种布局对于不同设计的利弊关系。

第6章

菜单、对话框、消息提示与事件处理

学习目标：

► 掌握菜单的使用方法

► 掌握对话框的使用方法

► 掌握消息提示的使用方法

► 掌握事件处理的相关知识

在 Android 平台下开发用户界面时，除了掌握常用的基本界面组件和界面布局之外，在实际开发过程中还需掌握菜单、对话框、消息提示和事件处理。本章主要讲述用户界面中菜单与对话框的应用，以及对消息提示和事件处理的一些相关知识作详细的阐述。

6.1 菜 单

菜单是应用程序中非常重要的组成部分，能够在不占用界面空间的前提下，为应用程序提供一个统一的功能和设置界面，并为开发者提供易于使用的编程接口。在 Android 平台下支持三类菜单：选项菜单（OptionsMenu）、子菜单（SubMenu）和上下文菜单（ContextMenu）。

6.1.1 OptionsMenu 和 SubMenu

OptionsMenu 是一种经常被使用的 Android 菜单，当用户在手机中运行某个程序时，如果点击了手机上的 Menu 键，此时就会在手机屏幕的底端弹出相应的 OptionsMenu。但这个功能并不是系统自带的，而是需要开发者通过编程来实现的。如果在开发过程中没有对此功能进行实现，则程序在运行时按下 Menu 键是不会起任何作用的。OptionsMenu 分为图标菜单和扩展菜单。图标菜单是能够同时显示文字和图标的菜单，最多支持六个子项，当子项多于六个时，将只显示前五个和一个扩展菜单选项，点击扩展菜单选项将会弹出其余的菜单子项。扩展菜单项中不会显示图标，但是可以显示 RadioButton 及 CheckBox。

SubMenu 是能够显示更加详细信息的菜单子项。传统的 SubMenu 一般采用树形层次化结构，但 Android 为了更好适应小屏幕的显示方式，使用了浮动窗体的形式来显示菜单子项。Android 的 SubMenu 使用非常灵活，可以在 OptionsMenu 中使用 SubMenu，有利于将相同或者相似的菜单子项组织起来，以便于显示和分类。但是 Android 的 SubMenu 不支持嵌套，也就是说不能够在 SubMenu 中再使用 SubMenu。

在 Android 中 OptionsMenu 项是通过一系列回调方法来创建并处理菜单事件的,这些回调方法见表6.1。

表6.1　OptionsMenu 相关回调方法及说明

方法名称	功能说明
public boolean onCreateOptionsMenu（Menu menu）	初始化 OptionsMenu,当需要显示菜单时被调用
public boolean onOptionsItemSelect（MenuItem item）	当 OptionsMenu 中某个选项被选中时调用该方法,默认的是一个返回 false 的空实现
public void onOptionsMenuClosed（Menu menu）	当 OptionsMenu 关闭时调用该方法
public boolean onPrepareOptionsMenu（Menu menu）	为程序准备 OptionsMenu,每次 OptionsMenu 显示前会调用该方法

OptionsMenu 中主要有 Menu、MenuItem 及 SubMenu 类,一个 Menu 对象代表一个菜单,在 Menu 对象中可以添加菜单项 MenuItem,也可以添加 SubMenuSubMenu。

Menu 中常用的方法见表6.2。

表6.2　Menu 的常用方法及说明

方法名称	参数说明	功能说明
MenuItem add（int groupId, int itemId, int order, int titleRes）	groupId:菜单项所在组的 ID,通过分组可以对菜单项进行批量操作,如果菜单项不属于任何组,传入 NONE itemId:唯一标识菜单项的 ID,可为 NONE order:菜单项的顺序,可为 NONE titleRes:菜单项显示的文本内容	向 Menu 添加一个菜单项,返回 MenuItem 对象
SubMenu addSubMenu（int groupId, int itemId, int order, int titleRes）	groupId:菜单项所在组的 ID,通过分组可以对菜单项进行批量操作,如果菜单项不属于任何组,传入 NONE itemId:唯一标识菜单项的 ID,可为 NONE order:菜单项的顺序,可为 NONE titleRes:String 对象的资源标识符	向 Menu 添加一个 SubMenu,返回 SubMenu 对象
void clear（）		移除菜单中所有的子项
void close（）		关闭正在显示的菜单

MenuItem 对象代表一个菜单项, MenuItem 的实例通常是通过 Menu 的 add 方法获得, MenuItem 中常用的方法见表6.3。

表 6.3 MenuItem 的常用方法及说明

方法名称	参数说明	功能说明
MenuItem setIcon（Drawable icon）	icon：图标 Drawable 对象	设置 MenuItem 的图标
MenuItem setIntent（Intent intent）	intent：与 MenuItem 绑定的 Intent 对象	为 MenuItem 绑定 Intent 对象，当被选中时，将会调用 startActivity 方法处理动作相应的 Intent
setOnMenuItemClickListener（MenuItem. OnMenuItemClickListener menuItemClickListener）	menuItemClickListener：监听器	为 MenuItem 设置自定义的监听器
setShortcut（char numericChar, char alphaChar）	numericChar：数字快捷键 alphaChar：字母快捷键	为 MenuItem 设置数字快捷键和字母快捷键
setTitle（CharSequence title）	title：标题的名称	为 MenuItem 设置标题

SubMenu 继承于 Menu，每个 SubMenu 实例代表一个 SubMenu，SubMenu 中常用的方法如表 6.4 所示。

表 6.4 SubMenu 的常用方法及说明

方法名称	参数说明	功能说明
setHeaderIcon（Drawable icon）	icon：标题图标 Drawable 对象	设置 SubMenu 的标题图标
setHeaderIcon（int iconRes）	iconRes：标题图标的资源 ID	设置 SubMenu 的标题图标
setHeaderTitle（int titleRes）	titleRes：标题文本的资源 ID	设置 SubMenu 的标题
setHeaderTitle（CharSequence title）	title：标题文本对象	设置 SubMenu 的标题
setHeaderView（View view）	view：SubMenu 标题的 view 对象	设置指定 View 对象作为 SubMenu 图标

Ch06_01_OptionsAndSubMenu 工程是实现了 OptionsMenu 和 SubMenu 的实例。点击 Menu 项，将看到添加的菜单，当点击"字体大小"SubMenu 就会看到 SubMenu 项，具体如图 6.1 所示。

图 6.1 OptionsMenu 和 SubMenu 的显示界面

在 XML 文件中(res/layout/main.xml)只定义了一个简单的 EditText 组件用来显示图 6.1 中的文字。

OptionsAndSubMenuActivity.java 中的核心代码如下:

```java
public class OptionsAndSubMenuActivity extends Activity {
// 定义字体大小菜单项的标识
final int FONT_10 = 1;
final int FONT_12 = 2;
final int FONT_14 = 3;
final int FONT_16 = 4;
final int FONT_18 = 5;
// 定义普通菜单项的标识
final int PLAIN_ITEM = 6;
// 定义字体颜色菜单项的标识
final int FONT_RED = 7;
final int FONT_BLUE = 8;
final int FONT_GREEN = 9;
private EditText edit;
@Override
public void onCreate(Bundle savedInstanceState) {
    super.onCreate(savedInstanceState);
    setContentView(R.layout.main);
    edit = (EditText) findViewById(R.id.txt);
}
@Override
// 初始化菜单
public boolean onCreateOptionsMenu(Menu menu) {
    // - - - - - - - - - - - - - 向 menu 中添加字体大小的 SubMenu - - - - - - - - - - - - - -
    SubMenu fontMenu = menu.addSubMenu("字体大小");
    // 设置菜单的图标
    fontMenu.setIcon(R.drawable.ic_launcher);
    // 设置菜单头的图标
    fontMenu.setHeaderIcon(R.drawable.ic_launcher);
    // 设置菜单头的标题
    fontMenu.setHeaderTitle("选择字体大小");
    fontMenu.add(0, FONT_10, 0, "10 号字体");
    fontMenu.add(0, FONT_12, 0, "12 号字体");
```

```
fontMenu. add(0, FONT_14, 0, "14 号字体");
fontMenu. add(0, FONT_16, 0, "16 号字体");
fontMenu. add(0, FONT_18, 0, "18 号字体");
// ----------------向 menu 中添加普通菜单项----------
--

menu. add(0, PLAIN_ITEM, 0, "普通菜单项");
// ------------向 menu 中添加文字颜色的 SubMenu-------
------

SubMenu colorMenu = menu. addSubMenu("字体颜色");
colorMenu. setIcon(R. drawable. ic_launcher);
// 设置菜单头的图标
colorMenu. setHeaderIcon(R. drawable. ic_launcher);
// 设置菜单头的标题
colorMenu. setHeaderTitle("选择文字颜色");
colorMenu. add(0, FONT_RED, 0, "红色");
colorMenu. add(0, FONT_GREEN, 0, "绿色");
colorMenu. add(0, FONT_BLUE, 0, "蓝色");
return super. onCreateOptionsMenu(menu);
}
@ Override
// 菜单项被单击后的回调方法
public boolean onOptionsItemSelected(MenuItem mi) {
    // 判断单击的是哪个菜单项,并针对性的作出响应
    switch (mi. getItemId()) {
    case FONT_10:
        edit. setTextSize(10 * 2);
        break;
    case FONT_12:
        edit. setTextSize(12 * 2);
        break;
    case FONT_14:
        edit. setTextSize(14 * 2);
        break;
    case FONT_16:
        edit. setTextSize(16 * 2);
        break;
    case FONT_18:
```

```
    edit. setTextSize(18 * 2);
    break;
case FONT_RED:
    edit. setTextColor(Color. RED);
    break;
case FONT_GREEN:
    edit. setTextColor(Color. GREEN);
    break;
case FONT_BLUE:
    edit. setTextColor(Color. BLUE);
    break;
case PLAIN_ITEM:
    Toast toast = Toast. makeText(OptionsAndSubMenuActivity. this,
        "您单击了普通菜单项", Toast. LENGTH_SHORT);
    toast. show();
    break;
    }
    return true;
    }
    }
```

6.1.2 ContextMenu

在 Android 中由于 ContextMenu 继承于 Menu,所以 ContextMenu 同样采用动窗口的显示方式,开发 ContextMenu 与开发 OptionsMenu 的方法基本相似,但在某些方面还是有一定差别的。OptionsMenu 中主要有 Menu、MenuItem 及 SubMenu 类,开发 ContextMenu 不是重写 onCreateOptionsMenu(Menu menu)方法,而是重写 onCreateContextMenu(ContextMenu menu,View source,ContextMenu. ContextMenuInfo menuInfo)方法,其中 source 代表触发 ContextMenu 的组件。

OptionsMenu 服务于 Activity,而 ContextMenu 则是注册到某个 View 对象上的。如果一个 View 对象注册了 ContextMenu,用户可以通过长按(约 2 s)该 View 对象来启动 ContextMenu。

Ch06_02_ContextMenu 工程是实现了 ContextMenu 的实例。长按第一个文本框,其显示如图 6.2 中左侧图所示,当点击"选择文字"之后,会在文本框中多添加一行文字,具体如图 6.2 中右侧图所示。

在 XML 文件中(res/layout/main. xml)只定义了 EditText 组件,这里不再赘述。

ContextMenuActivity. java 中的核心代码如下:

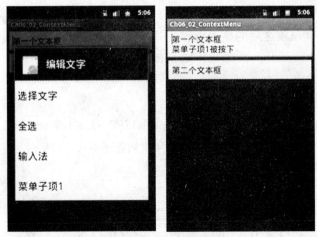

图 6.2　ContextMenu 的显示界面

```
public class ContextMenuActivity extends Activity {
/ * * Called when the activity is first created.  */
final int Menu1  = 1;
final int Menu2  = 2;
final int Menu3  = 3;
@ Override
public void onCreate( Bundle savedInstanceState) {
    super. onCreate( savedInstanceState);
    setContentView( R. layout. main);
    // 为 EditText 的两个组件注册 ContextMenu
    this. registerForContextMenu( findViewById( R. id. EditText01));
    this. registerForContextMenu( findViewById( R. id. EditText02));
}

@ Override
    // 初始化 ContextMenu
public void onCreateContextMenu( ContextMenu menu, View v,
    ContextMenuInfo menuInfo) {
    menu. setHeaderIcon( R. drawable. ic_launcher);
    if ( v = = findViewById( R. id. EditText01)) {
    menu. add(0, Menu1, 0, "菜单项 1");
    menu. add(0, Menu1, 0, "菜单项 1");
    menu. add(0, Menu2, 0, "菜单项 2");
    menu. add(0, Menu3, 0, "菜单项 3");
    }
}
```

```
@ Override
    // 设置选中菜单项之后的显示内容
public boolean onContextItemSelected( MenuItem item) {
    switch ( item. getItemId( )) {
    case Menu1:
        EditText et1 = (EditText) this. findViewById( R. id. EditText01);
        et1. append( "\n" + item. getTitle( ) + "被按下");
        break;
    case Menu2:
    case Menu3:
        EditText et2 = (EditText) this. findViewById( R. id. EditText02);
        et2. append( "\n" + item. getTitle( ) + "被按下");
    }
    return true;
}}
```

6.2　对　话　框

在用户界面中,除了经常使用到的菜单之外,对话框也是程序与用户进行界面交互的主要途径之一。

对话框是 Activity 运行时显示的小窗口,当显示对话框时,当前 Activity 失去焦点而对话框负责所有的人机交互。创建对话框是通过回调 onCreateDialog(int id)方法来实现的,该方法需要传入代表对话框 ID 的参数。当需要显示对话框时,则调用 showDialog(int id)方法传入对话框的 ID 来显示指定的对话框。关闭对话框可以调用 Dialog 类的 dismiss( )方法来实现,但是这种方法并不会使其彻底消失,Android 会在后台保留其状态。想要彻底消除对话框,需要调用 removeDialog (int id)方法并传入 Dialog 的 ID 值来彻底释放对话框。

在 Android 中提供了丰富的对话框支持,主要包括提示对话框(AlertDialog)、日期选择对话框(DataPickerDialog)时间选择对话框(TimePickerDialog)、进度对话框(ProgressDialog)。

6.2.1　AlertDialog

AlertDialog 的功能十分强大,它提供了一些方法来生成五种预定义对话框。具体如下:①带消息、带多个按钮的提示对话框;②带列表、带多个按钮的列表对话框;③带多个单选列表项、带多个按钮的单选列表对话框;④带多个多选列表项、带多个按钮的多选列表对话框;⑤可以创建界面自定义的对话框。

使用 AlertDialog 创建对话框的主要步骤为:创建 AlertDialog. Builder 对象;调用 AlertDialog. Builder (Context context)的方法为对话框设置图标、标题、内容等;调用 AlertDialog. Builder 的 create( )方法创建 AlertDialog 对话框;调用 AlertDialog 的 show( )方法显示对话框。

（1）使用 AlertDialog 创建简单对话框

Ch06_03_SimpleAlertDialog 工程是实现了 AlertDialog 创建简单对话框的实例。为对话框设置了图标、标题等属性，并给对话框提供了简单的确定、取消按钮。具体显示效果如图6.3 所示。

图 6.3　AlertDialog 创建简单对话框的显示界面

SimpleAlertDialogActivity. java 中的核心代码如下：

```java
public class SimpleAlertDialogActivity extends Activity {
@Override
public void onCreate(Bundle savedInstanceState) {
  super. onCreate(savedInstanceState);
  setContentView(R. layout. main);
  Button bt = (Button) findViewById(R. id. bt);
  final Builder builder = new AlertDialog. Builder(this);
  bt. setOnClickListener(new View. OnClickListener() {
    public void onClick(View source) {
    // 设置对话框的图标
    builder. setIcon(R. drawable. tools);
    // 设置对话框的标题
    builder. setTitle("简单对话框");
    // 设置对话框显示的内容
    builder. setMessage("一个简单的对话框");
    // 为对话框设置一个"确定"按钮
    builder. setPositiveButton("确定",
    // 为列表项的单击事件设置监听器
      new OnClickListener() {
        public void onClick(DialogInterface dialog,
          int which) {
        EditText show = (EditText) findViewById(R. id. text);
        // 设置 EditText 内容
          show. setText("用户单击了"确定"按钮!");
        }
      });
    // 为对话框设置一个"取消"按钮
    builder. setNegativeButton("取消", new OnClickListener() {
      public void onClick(DialogInterface dialog, int which) {
        EditText show = (EditText) findViewById(R. id. text);
        // 设置 EditText 内容
```

```
            show. setText("用户单击了"取消"按钮!");
        }
    });
    // 创建,并显示对话框
    builder. create( ). show( );
    }
});
}
}
```

(2)使用 AlertDialog 创建列表对话框

AlertDialog. Builder 除了提供 setMessage(int messageId)方法来设置对话框所显示的内容之外,还提供了一些方法来设置对话框显示列表内容。其主要方法如表 6.5 所示。

表 **6.5**   AlertDialog. Builder **提供的一些方法**

方法	说明
setItems(int itemsId,DialogInterface. OnclickListener listener)	创建普通列表对话框
setMultiChoiceItems(CharSequence[ ] items, boolean[ ] checkedItems, DialogInterface. OnmultiChoiceClickListener listener)	创建多选列表对话框
setSingleChoiceItems (ListAdapter adapter, int checkItem, DialogInterface. OnClickListener listener)	创建单选列表对话框
setAdapter(ListeAdapter adapter, DialogInterface. OnClickListener listener)	创建根据 ListAdapter 提供列表项的列表对话框

Ch06_04_ListAlertDiaog 工程是实现了 AlertDialog 创建列表对话框的实例。其中,定义了三个 Button 和一个 TextView,三个 Button 分别对应着三个不同的对话框。其实创建这三个对话框基本上都相同,只是调用的 builder 对象的方法不同。分别点击不同的 Button 其显示效果如图 6.4 所示。

图 6.4   AlertDialog 创建列表对话框的显示界面

ListAlertDiaogActivity. java 中的核心代码如下：

```java
public class ListAlertDiaogActivity extends Activity {
@ Override
public void onCreate( Bundle savedInstanceState) {
    super. onCreate( savedInstanceState) ;
    setContentView( R. layout. main) ;
    Button bt1 = ( Button) findViewById( R. id. bt1) ;
    Button bt2 = ( Button) findViewById( R. id. bt2) ;
    Button bt3 = ( Button) findViewById( R. id. bt3) ;
    final Builder builder = new AlertDialog. Builder( this) ;
    final String[ ] sports = new String[ ]{"篮球","足球","棒球"};
    final boolean[ ] ifChoice = new boolean[ ]{true,false,false};
    bt1. setOnClickListener( new View. OnClickListener( ) {
      public void onClick( View source) {
        // 设置对话框的图标
        builder. setIcon( R. drawable. tools) ;
        // 设置对话框的标题
        builder. setTitle("普通列表对话框") ;
        // 为对话框设置多个列表
        builder. setItems( sports, new DialogInterface. OnClickListener( ) {
          public void onClick( DialogInterface dialog, int which) {
            TextView show = ( TextView)findViewById( R. id. text) ;
            switch( which) {
            case 0:show. setText("你选择了" + sports[0]);break;
            case 1:show. setText("你选择了" + sports[1]);break;
            case 2:show. setText("你选择了" + sports[2]);break;
            }
          }
        });
        builder. create( ). show( ) ;
      }
    });
    bt2. setOnClickListener( new OnClickListener( ) {
      public void onClick( View v) {
        // 设置对话框的图标
        builder. setIcon( R. drawable. tools) ;
        // 设置对话框的标题
```

```
            builder. setTitle("单选列表对话框");
            // 为对话框设置多个列表
builder. setSingleChoiceItems(sports, 0, new DialogInterface. OnClickListener() {
            public void onClick(DialogInterface dialog, int which) {
                TextView show = (TextView)findViewById(R. id. text);
                switch(which) {
                case 0:show. setText("你选择了" + sports[0]); break;
                case 1:show. setText("你选择了" + sports[1]); break;
                case 2:show. setText("你选择了" + sports[2]); break;
                }

                }
            });
            builder. setPositiveButton("确定", null);
            builder. create(). show();
        }
        });
            bt3. setOnClickListener(new OnClickListener() {
            public void onClick(View v) {
                // 设置对话框的图标
                builder. setIcon(R. drawable. tools);
                // 设置对话框的标题
                builder. setTitle("多选列表对话框");
                // 为对话框设置多个列表
                builder. setMultiChoiceItems(sports,ifChoice, new
DialogInterface. OnMultiChoiceClickListener() {
public void onClick(DialogInterface dialog, int which, boolean isChecked) {
                TextView text = (TextView)findViewById(R. id. text);
                String out = "你选中了:";
                for(int i =0;i < ifChoice. length;i + +) {
                  if(ifChoice[i]) {
                    out + = sports[i] + "、";
                  }
                }
            text. setText(out);
                }
            });
            builder. setPositiveButton("确定", null);
```

```
        builder. create( ). show( );
    }
  });
}
}
```

(3)使用 AlertDialog 创建自定义对话框

当用 AlertDialog 生成对话框的时候,开发者还可以进行自定义对话框。

Ch06_05_LoginDialog 工程是实现了 AlertDialog 创建自定义的登录对话框的实例。其中,与之前介绍的列表对话框最主要的不同是将原来调用的 setItems(int itemsId, DialogInterface. OnClickListener listener)方法设置列表项改为现在的 setView(View view)方法来设置自定义的视图,从而实现调用 XML 文件(res/values/login. xml)视图的功能。其显示效果如图 6.5 所示。

为了实现登录界面的显示,在 XML 文件中(res/values/login. xml)具体代码如下:

< TableLayoutxmlns: android = " http://schemas. android. com/apk/res/android"

android:id = " @ + id/loginForm"

android:layout_width = " fill_parent"

android:layout_height = " fill_parent"

android:orientation = " vertical" >

< TableRow >

< TextView

android:layout_width = " fill_parent"

android:layout_height = " wrap_content"

android:text = " 用户名:"

android:textSize = " 10pt"/ >

<! - - 输入用户名的文本框 - - >

< EditText

android:layout_width = " fill_parent"

android:layout_height = " wrap_content"

android:hint = " 请填写登录帐号"

android:selectAllOnFocus = " true"/ >

< /TableRow >

< TableRow >

< TextView

android:layout_width = " fill_parent"

图 6.5　AlertDialog 创建自定义
对话框的显示界面

```
android:layout_height = "wrap_content"
android:text = "密码:"
android:textSize = "10pt"/>
<!-- 输入密码的文本框 -->
<EditText
android:layout_width = "fill_parent"
android:layout_height = "wrap_content"
android:password = "true"/>
</TableRow>
<TableRow>
<TextView
android:layout_width = "fill_parent"
android:layout_height = "wrap_content"
android:text = "电话号码:"
android:textSize = "10pt"/>
<!-- 输入电话号码的文本框 -->
<EditText
android:layout_width = "fill_parent"
android:layout_height = "wrap_content"
android:hint = "请填写您的电话号码"
android:phoneNumber = "true"
android:selectAllOnFocus = "true"/>
</TableRow>
<Button
android:layout_width = "wrap_content"
android:layout_height = "wrap_content"
android:text = "注册"/>
</TableLayout>
```

LoginDialogActivity.java 中的核心代码如下:

```
public class LoginDialogActivity extends Activity {
    @Override
    public void onCreate(Bundle savedInstanceState) {
        super.onCreate(savedInstanceState);
        setContentView(R.layout.main);
        Button bt = (Button) findViewById(R.id.bt);
        final Builder builder = new AlertDialog.Builder(this);
        bt.setOnClickListener(new OnClickListener() {
```

```
public void onClick( View v) {
    builder. setIcon( R. drawable. ic_launcher);
    builder. setTitle("自定义登录对话框");
    TableLayout login = (TableLayout) getLayoutInflater(). inflate(
        R. layout. login, null);
    // 设置对话框显示的 View
    builder. setView(login);
    // 为对话框设置一个"确定"按钮
    builder. setPositiveButton("确定",
        new DialogInterface. OnClickListener() {
            public void onClick(DialogInterface dialog,
                int which) {
                // 可添加确定适合的处理方法
            }
        });
    builder. setNegativeButton("取消",
        new DialogInterface. OnClickListener() {
            public void onClick(DialogInterface dialog,
                int which) {
                // 此处不做任何处理
            }
        });
    // 创建、并显示对话框
    builder. create(). show();
}
});
}}
```

6.2.2 DataPickerDialog 和 TimePickerDialog

DataPickerDialog 和 TimePickerDialog 的功能和用法相对比较简单,只要先用 new 关键字创建 DataPickerDialog 和 TimePickerDialog 对象,然后调用它们的 show 方法即可将 DataPickerDialog 和 TimePickerDialog 显示出来。也可以为它们绑定监听器,这样就可以通过监听器来获取用户设置的日期和时间,监听的事件处理在 6.4 节详细叙述。

Ch06_06_DataTimePickerDialog 工程是实现了 DataPickerDialog 和 TimePickerDialog 的实例。其中,声明了一个 Calendar 对象用来获取系统的日期和时间,分别为两个 Button 添加了监听器,然后分别调用了 DatePickerDialog 和 TimePickerDialog 类的构造函数来创建日期和时间的选择对话框。当分别点击日期对话框和时间对话框之后,其显示效果如图 6.6 所示。

图 6.6   DataPickerDialog 和 TimePickerDialog 的显示界面

DataTimePickerDialogActivity. java 中的核心代码如下：

```
public class public class DataTimePickerDialogActivity extends Activity {
    Calendar c = null;
@ Override
public void onCreate( Bundle savedInstanceState) {
super. onCreate( savedInstanceState) ;
    setContentView( R. layout. main) ;
    Button bDate = ( Button) findViewById( R. id. bt1) ;
    bDate. setOnClickListener( new OnClickListener( ) {
        public void onClick( View v) {
        showDialog( 0) ;
      }
    } ) ;
    Button bTime = ( Button) findViewById( R. id. bt2) ;
    bTime. setOnClickListener( new OnClickListener( ) {

        public void onClick( View v) {
        showDialog( 1) ;
        }
    } ) ;
  }
@ Override
protected Dialog onCreateDialog( int id) {
    Dialog dialog = null;
    switch( id) {
```

```
    case 0:// 生成日期对话框
        c = Calendar. getInstance( );// 获取生成日期对象
        dialog = new DatePickerDialog(this, new
DatePickerDialog. OnDateSetListener( ) {
            public void onDateSet(DatePicker view, int year, int monthOfYear,
                int dayOfMonth) {
                EditText et = (EditText)findViewById(R. id. editText1);
                et. setText("您选择了:" + year + "年" + monthOfYear + "月" + dayOfMonth + "日");
            }
        }, c. get(Calendar. YEAR), c. get(Calendar. MONTH),
c. get(Calendar. DAY_OF_MONTH));
        break;
    case 1:
        c = Calendar. getInstance( );
        dialog = new TimePickerDialog(this, new
TimePickerDialog. OnTimeSetListener( ) {
            public void onTimeSet(TimePicker view, int hourOfDay, int minute) {
                EditText et = (EditText)findViewById(R. id. editText1);
                et. setText("您选择了:" + hourOfDay + "时" + minute + "分");
            }
        }, c. get(Calendar. HOUR_OF_DAY), c. get(Calendar. MINUTE), false);
        break;
    }
    return dialog;
    }
} extends Activity {
    Calendar c = null;
@ Override
public void onCreate(Bundle savedInstanceState) {
super. onCreate(savedInstanceState);
        setContentView(R. layout. main);
        Button bDate = (Button)findViewById(R. id. bt1);
        bDate. setOnClickListener(new OnClickListener( ) {
            public void onClick(View v) {
                showDialog(0);
            }
        });
```

```java
        Button bTime = (Button)findViewById(R.id.bt2);
         bTime.setOnClickListener(new OnClickListener() {
           public void onClick(View v) {
           showDialog(1);
           }
        });
      }
   @Override
   protected Dialog onCreateDialog(int id) {
      Dialog dialog = null;
      switch(id) {
      case 0://生成日期对话框
         c = Calendar.getInstance(); //获取生成日期对象
         dialog = new DatePickerDialog(this, new
DatePickerDialog.OnDateSetListener() {
            public void onDateSet(DatePicker view, int year, int monthOfYear,
               int dayOfMonth) {
              EditText et = (EditText)findViewById(R.id.editText1);
              et.setText("您选择了:" + year + "年" + monthOfYear + "月" + dayOfMonth + "
日");
            }
         }, c.get(Calendar.YEAR), c.get(Calendar.MONTH),
   c.get(Calendar.DAY_OF_MONTH));
         break;
      case 1:
         c = Calendar.getInstance();
         dialog = new TimePickerDialog(this, new
TimePickerDialog.OnTimeSetListener() {
            public void onTimeSet(TimePicker view, int hourOfDay, int minute) {
               EditText et = (EditText)findViewById(R.id.editText1);
               et.setText("您选择了:" + hourOfDay + "时" + minute + "分");
            }
         }, c.get(Calendar.HOUR_OF_DAY), c.get(Calendar.MINUTE), false);
         break;
      }
      return dialog;
   }
```

```
}
```

6.2.3 ProgressDialog

ProgressDialog 本身就是一个进度对话框,使用它只要创建 ProgressDialog 对象,并将它显示出来就创建了一个进度对话框。但是通常看到的对话框并不是就这么简单,为了使进度条达到更好的人机交互效果,开发者往往会通过一些方法来设置进度条进度的快慢,设置进度条进度常用的方法及说明如表 6.6 所示。

表 6.6 设置进度条进度常用的方法及说明

方法	说明
setIndeterminate(boolean indeterminate)	设置进度条不显示进度值
setMax(int max)	设置进度条的最大值
setMessage(CharSequence message)	设置对话框里显示的消息
setProgress(int value)	设置进度条的进度值
setProgressStyle(int style)	设置进度条的风格(圆形和水平)

Ch06_07_ProgressDialog 工程是实现了 ProgressDialog 的实例,其显示效果如图 6.7 所示。

图 6.7 ProgressDialog 的显示界面

ProgressDialogActivity. java 中的核心代码如下:

```
public class ProgressDialogActivity extends Activity {
// 该程序模拟填充长度为 100 的数组
private int[] data = newint[100];
int hasData = 0;
// 定义进度对话框的标识
final intPROGRESS_DIALOG = 0x112;
// 记录进度对话框的完成百分比
int progressStatus = 0;
ProgressDialog pd;
// 定义一个负责更新的进度的 Handler
Handler handler;
@ Override
public void onCreate(Bundle savedInstanceState) {
    super. onCreate(savedInstanceState);
    setContentView(R. layout. main);
    Button execBn = (Button) findViewById(R. id. bt);
    execBn. setOnClickListener(new OnClickListener() {
        public void onClick(View source) {
            showDialog(PROGRESS_DIALOG);
```

```
          }
      } );
    handler  =  new Handler( )  {
        @ Override
        public void handleMessage( Message msg )  {
          // 表明消息是由该程序发送的
          if ( msg. what  = = 0x111 )  {
            pd. setProgress( progressStatus ) ;
          }
        }
      } ;
  }
@ Override
public Dialog onCreateDialog( int id, Bundle status )  {
    switch  ( id )  {
    case PROGRESS_DIALOG：
        pd  =  new ProgressDialog( this ) ; // 创建进度对话框
        pd. setMax( 100 ) ;
        pd. setTitle( "安装进度" ) ; // 设置对话框的标题
        pd. setMessage( "耗时任务的完成百分比" ) ; // 设置对话框显示的内容
        pd. setCancelable( false ) ; // 设置对话框不能用"取消"按钮关闭
        // 设置对话框的进度条风格
        // pd. setProgressStyle( ProgressDialog. STYLE_SPINNER ) ;//圆形风格
      pd. setProgressStyle( ProgressDialog. STYLE_HORIZONTAL ) ;// 水平进度条
        // 设置对话框的进度条是否显示进度
        pd. setIndeterminate( false ) ;
        break ;
    }
    return pd ;
  }
  // 该方法将在 onCreateDialog 方法调用之后被回调
  @ Override
  public void onPrepareDialog( int id, Dialog dialog )  {
      super. onPrepareDialog( id, dialog ) ;
      switch  ( id )  {
      case PROGRESS_DIALOG：
          super. onPrepareDialog( id, dialog ) ;
```

```
switch（id）{
case PROGRESS_DIALOG：
  public void run（）{
    while（progressStatus < 100）{
      // 获取耗时操作的完成百分比
      progressStatus = doWork（）；
      // 发送消息到 Handler
      Message m = new Message（）；
      m. what = 0x111；
      handler. sendMessage（m）；// 发送消息
    }
    // 如果任务已经完成
    if（progressStatus > = 100）{
      pd. dismiss（）；// 关闭对话框
    }
  }
}. start（）；
break；
}
}
// 模拟一个耗时的操作
public int doWork（）{
  // 为数组元素赋值
  data[hasData + +] = （int）（Math. random（）* 100）；
  try {
    Thread. sleep（100）；
  } catch（InterruptedException e）{
    e. printStackTrace（）；
  }
  return hasData；
  }
}
```

6.3　消　息　提　示

消息提示是 Android 提供的一种比对话框更小的消息提供方式,它比对话框使用起来更加方便。其提示方式主要有 Toast 和 Notification 两种。

6.3.1　Toast

Toast 主要向用户提供比较快速简短的即时消息,它会在界面上显示一个简单的提示信息,但是并不会获得焦点,并且在显示一段时间之后会自动消失。

Toast 对象的创建相对比较简单,只需要通过调用 Toast 的构造函数或者 Toast 的静态方法 makeText(Context context, CharSequence text, int duration)即可实现,并且可以调用 Toast 的方法来设置该消息提示的对齐方式、页边距和显示的内容等,最后调用 Toast 的 show()方法将其显示到屏幕上。

Toast 也可以显示图片,Toast 提供的 setView(View view)方法允许开发者自己定义 Toast 显示的内容。

Ch06_08_Toast 工程是实现了 Toast 的实例,为 Button 设置一个监听器,然后重写 onClick(View v)方法,创建一个 LinearLayout 对象,并将图片和 Toast 中的文本内容添加到 LinearLayout 中,最后将 LinearLayout 作为 Toast 的视图显示出来。当点击"Toast 显示",其显示效果如图 6.8 所示。

图 6.8　Toast 的显示界面

ToastActivity. java 中的核心代码如下:

```
public class ToastActivity extends Activity {
    @ Override
    public void onCreate(Bundle savedInstanceState) {
        super. onCreate(savedInstanceState);
        setContentView(R. layout. main);
        Button btn = (Button) findViewById(R. id. bt);
        btn. setOnClickListener(new View. OnClickListener() {
            public void onClick(View v) {
        ImageView iv = new ImageView(ToastActivity. this);
        iv. setImageResource(R. drawable. ic_launcher);// 设置 ImageView 的显示
            LinearLayout ll = new LinearLayout(ToastActivity. this);
            Toast toast = Toast. makeText(ToastActivity. this,
                "这是一个带图片的 Toast 显示", Toast. LENGTH_LONG);
        toast. setGravity(Gravity. CENTER, 0, 0);
         View toastView = toast. getView();// 获得 Toast 的 View
        ll. setOrientation(LinearLayout. HORIZONTAL);// 设置线性布局的排列方式
            ll. addView(iv);
            ll. addView(toastView);
            toast. setView(ll);
            toast. show();
        }
```

}) ;}}

6.3.2 Notification

Notification 是另外一种消息提示的方式,它是显示在手机状态栏的消息,手机状态栏位于手机屏幕的最上方,一般显示手机当前的网络状态、电池状态和时间等。Notification 是一种具有全局效果的通知,先调用 getSystemService(NOTIFICATION_SERVICE)方法获取系统的 NotificationManager 服务,然后通过构造函数创建一个 Notification 对象,再为 Notification 设置各种属性,最后通过 NotificationManager 发送 Notification。

Ch06_09_Notification 工程是实现了 Notification 的实例,其中,除了设置一个 Button 监听器外,在 onClick(View v)方法中,首先创建了 Notification 对象,并为其设置图标、提示信息等属性,其中最主要的就是点击状态栏中 Notification 对象时发送的 Intent 对象,系统将通过 Intent 对象启动另一个 Activity。最后获取 NotificationManager 对象,并调用该对象的 notify()方法将新建的 Notification 发布。

当点击"添加"之后,将状态栏拉开,可以看到添加 Notification 的详细信息,点击"查看"之后,会启动另一个 Activity,其显示效果如图 6.9 所示。

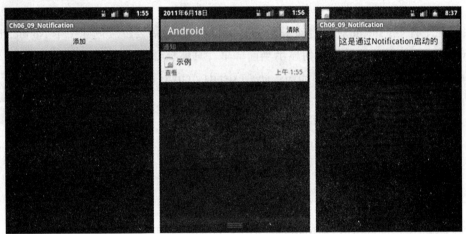

图 6.9 Notification 的显示界面

Notification_01_Activity.java 中的核心代码如下:

```
public class Notification_01_Activity extends Activity {
@Override
public void onCreate(Bundle savedInstanceState) {
    super.onCreate(savedInstanceState);
    setContentView(R.layout.main);
    Button btn = (Button) findViewById(R.id.bt);
    btn.setOnClickListener(new View.OnClickListener() {
        public void onClick(View v) {
            Intent i = new Intent(Notification_01_Activity.this,
```

```
                Notification_02_Activity. class);
          PendingIntent pi = PendingIntent. getActivity(
          Notification_01_Activity. this, 0, i, 0);
    Notification myNotification = new Notification();
    myNotification. icon = R. drawable. ic_launcher;// 为 Notification 设置图标
      myNotification. tickerText = getResources(). getString(R. string. notification);
      myNotification. defaults = Notification. DEFAULT_SOUND;
      myNotification. setLatestEventInfo( Notification_01_Activity. this,"示例", "点击查看",
pi);
          NotificationManager notificationManager = (NotificationManager) getSystemService(NO-
TIFICATION_SERVICE);
      notificationManager. notify(0, myNotification);
      }
  });
  }
  }
```

由于在工程中，Intent 对象启动了另一个 Activity，所以需要继续创建一个 Notification_02_Activity. java 文件，其主要设置如何显示当前屏幕。具体核心代码如下：

```
public class Notification_02_Activity. java extends Activity{
@ Override
protected void onCreate( Bundle savedInstanceState) {
  super. onCreate( savedInstanceState);
  setContentView( R. layout. notified);
  }
  }
```

由于新建了一个 Activity 为 Notification_02_Activity，所以需要在 AndroidManifest. xml 文件中声明，否则系统将无法得知该 Activity 的存在。在 AndroidManifest. xml 中主要添加如下代码：

```
< activityandroid:name = ". Notification_02_Activity "
android:label = "@ string/app_name" >
</activity >
```

关于 Intent 对象，在本书的第 7 章将对其进行详细的介绍，在此不作更详细的讲解。

6.4　事　件　处　理

在掌握了界面编程之后，接下来就涉及事件处理了。

在 Android 中提供了两种方式的事件处理：基于回调的事件处理和基于监听的事件处理。

开发者可以采用两种方式中的任何一种来为用户在界面上做出的各种动作提供响应。另外 Android 中的 Handler 消息传递机制是另一种形式的"事件处理"。

基于回调的事件处理主要是重写 Android 界面组件特定的回调方法,或者重写 Activity 的回调方法。

基于监听的事件处理主要是为 Android 界面组件绑定特定的事件监听器。

Handler 消息传递机制主要是解决 Android 应用的多线程问题。

6.4.1　基于回调的事件处理

在 Android 中,基于回调的事件处理可用于处理一些具有通用性的事件,而且这种方式的处理代码会比较简洁。下面对各种回调方法进行介绍。

(1)onKeyDown(int keyCode,KeyEvent event)和 onKeyUp(int keyCode,KeyEvent event)方法

onKeyDown(int keyCode,KeyEvent event)方法是接口 KeyEvent.Callback 中的抽象方法,用于捕捉手机键盘被按下的事件;onKeyUp(int keyCode,KeyEvent event)方法用于捕捉手机键盘被抬起的事件。具体如表 6.7 所示。

表 6.7　onKeyDown 和 onKeyUp 方法及说明

方法	说明
public boolean onKeyDown(int keyCode,KeyEvent event)	keyCode:指被按下的键值,即键盘码,手机键盘中每一个按钮都会有其单独的键盘码;event:指按钮事件的对象,其中包含了触发事件的详细信息,如事件状态、类型及发生时间等。当用户按下按键时,系统会自动将事件封装成 KeyEvent 对象供应用程序使用;返回值:当返回 true 时,表明已完整地处理了这个事件,不希望其他的回调方法再次进行处理,当返回 false 时,表明没有完全处理完该事件,希望其他回调方法继续对其进行处理
public boolean onKeyUp(int keyCode,KeyEvent event)	其基本属性说明同上

Ch06_10_OnKeyDown 工程是实现了 onkeyDown(int keyCode,KeyEvent event)方法的实例,利用 onKeyDown(int keyCode,KeyEvent event)回调方法,实现了当用户按下键盘时,显示提示的功能。关于 onKeyUp(int keyCode,KeyEvent event)的用法与 onKeyDown(int keyCode, KeyEvent event)回调方法基本相同,在这里不再赘述。关于 onkeyDown(int keyCode,KeyEvent event)方法当点击键盘之后,其显示效果如图 6.10 所示。

OnKeyDownActivity.java 中的核心代码如下:

```
public class OnKeyDownActivity extends Activity {
View myView;
@ Override
public void onCreate(Bundle savedInstanceState) {
```

```
        super. onCreate ( savedInstanceS-
tate) ;
        setContentView( R. layout. main) ;
        myView = new View( this) ;
    myView. setBackgroundColor ( Color.
GRAY) ;
        setContentView( myView) ;
    }
    @ Override
    public boolean onKeyDown ( int key-
Code, KeyEvent event) {
        switch ( event. getAction( ) ) {
        case MotionEvent. ACTION _
DOWN:
        Toast. makeText( OnKeyDownActivity. this, "键盘被按下", Toast. LENGTH_LONG)
            . show( ) ; break ;
        }
        return super. onKeyDown( keyCode, event) ;
    }
    }
```

图 6.10   onKeyDown(int keyCode,
KeyEvent event)方法的显示界面

（2）onTouchEvent(MotionEvent event)方法

onTouchEvent(MotionEvent event)方法是手机屏幕事件的处理方法,使用该方法可以处理手机屏幕的触摸事件。方法及说明具体如表6.8所示。

表6.8   onTouchEvent 方法及说明

方法	说明
public boolean onTouchEvent (MotionEvent event)	event:手机屏幕触摸事件封装类的对象,其中封装了该事件的所有信息,例如触摸的位置、触摸的类型以及触摸的时间等。该对象会在用户触摸手机屏幕时被创建;返回值:与 onKeyDown (int keyCode,KeyEvent event) 和 onKeyUp(int keyCode,KeyEvent event)方法相同,在此不在赘述

onTouchEvent(MotionEvent event) 与 onKeyDown(int keyCode,KeyEvent event) 和 onKeyUp (int keyCode,KeyEvent event)方法不同的是,该方法不是在处理一种单一的事件,一般情况下,屏幕被按下、屏幕被抬起和在屏幕中拖动三种情况全由 onTouchEvent(MotionEvent event)方法处理,只是三种情况中的动作值不同。屏幕被按下:此时 MotionEvent. getAtion( )的值为MotionEvent. ACTION_DOWN,如果在应用程序中要处理屏幕被按下的事件,只需要重写该回

调方法,然后在方法中进行动作的判断即可。屏幕被抬起:此时 MotionEvent. getAtion( )的值为 MotionEvent. ACTION_UP,表示屏幕被抬起的事件。屏幕中拖动:此时 MotionEvent. getAtion( )的值为 MotionEvent. ACTION_MOVE,表示手指或触控笔在屏幕上拖动。

Ch06_11_OnTouchEvent 工程是实现了 onTouchEvent(MotionEvent event) 方法的实例,通过一个 onTouchEvent(MotionEvent event)回调方法,来实现识别手势在屏幕上的上下移动。其显示效果如图 6.11 所示。

图 6.11　OnTouchEvent(MotionEvent event)的显示界面

OnTouchEventActivity. java 中的核心代码如下:

```java
public class OnTouchEventActivity extends Activity {
    View myView;
    @ Override
    public void onCreate( Bundle savedInstanceState) {
        super. onCreate( savedInstanceState) ;
        setContentView( R. layout. main) ;
        myView = new View( this) ;
        myView. setBackgroundColor( Color. GRAY) ;
        setContentView( myView) ;
    }
    @ Override
    public boolean onTouchEvent( MotionEvent event) {
        switch( event. getAction( ) ) {
        case MotionEvent. ACTION_DOWN:
            Toast. makeText( OnTouchEventActivity. this, "手势在向下移动",
Toast. LENGTH_SHORT) . show( ) ; break;
        case MotionEvent. ACTION_UP:
            Toast. makeText( OnTouchEventActivity. this, "手势在向上移动",
Toast. LENGTH_SHORT) . show( ) ; break;
        }
        return super. onTouchEvent( event) ;
    }
}
```

6.4.2　基于监听的事件处理

对于某些特定的事件,当无法使用基于回调的事件处理时,只能采用基于监听的事件处理。

(1)Android 的事件处理模型

在介绍基于监听的事件处理之前,首先应对 Android 的事件处理模型有一定的了解。在 Android 的事件处理模型中需要了解以下几点:

①事件(Event):事件封装了界面组件上发生的特定事情,可以认定为一次用户操作。如果程序需要获得界面组件上发生事情的相关信息,一般通过 Event 对象来取得。

②事件源(Event Source):事件发生的场所,通常就是各个组件,如:按钮、窗口、菜单等。

③事件监听器(Event Listener):负责监听事件源发生的事件,并对各种事件作出相应的响应。

④事件源与事件监听器:当用户与应用程序交互时,一定是通过触发某些事件来完成的,让事件来通知应用程序应该执行哪些操作,在这个过程中主要涉及两个对象事件源与事件监听器。

将事件源与事件监听器联系到一起,就需要为事件源注册监听,当事件发生时,系统才会通知事件监听器来处理相应的事件。

当用户按下一个按钮或单击某个菜单项时,这些动作就会触发一个相应的事件,该事件就会触发事件源上注册的事件监听器(特殊的 Java 对象),事件监听器调用对应的事件处理器(事件处理器里的实例方法)来做出相应的响应。

每个组件均可以针对特定的事件指定一个事件监听器,每个监听器也可监听一个或多个事件源。因为同一个事件源下可能发生多种事件,所以可以把事件源上发生的事件分别授权给不同的事件监听器来处理,同时也可以让一类事件都使用同一个事件监听器来处理。

基于监听的事件处理过程主要为:首先为事件源对象添加监听,这样才能保证当某个事件被触发时,系统能够及时通知谁来处理该事件;然后当事件发生时,系统会将事件封装成相应类型的事件对象,并发送给注册到事件源的事件监听器;最后,当事件监听器接受到事件对象之后,系统会调用事件监听器中相应的事件处理方法处理时间并给出响应。

(2)OnClickListener 和 OnLongClickListener 接口

OnClickListener 处理的是点击事件,在触控模式下,是在某个视图上按下并抬起的组合动作。其对应的回调方法为:public void onClick(View v)。

OnLongClickListener 处理的是视图上的长按事件,即长时间按下某个视图时触发的事件,其对应的回调方法为:public boolean onLongClick(View v),其中 v 为事件源对象。

Ch06_12_OnClickListener 工程是实现了 OnClickListener 的实例,通过为每一个按钮注册监听,并实现了监听接口中的抽象方法,通过对视图的判断执行不同的操作,其显示效果如图6.12 所示。关于 OnLongClickListener 的接口的实现方法基本与 OnClickListener 接口的实现

图6.12　OnClickListener 的显示界面

方法相同,在这里不再赘述。

OnClickListenerActivity. java 中的核心代码如下:

```
public class OnClickListenerActivity extends Activity implements OnClickListener {
Button[] buttons = new Button[3];
EditText et;
@ Override
public void onCreate(Bundle savedInstanceState) {
super. onCreate(savedInstanceState);
    setContentView(R. layout. main);
buttons[0] = (Button)this. findViewById(R. id. button1);
buttons[1] = (Button)this. findViewById(R. id. button2);
buttons[2] = (Button)this. findViewById(R. id. button3);
et = (EditText)this. findViewById(R. id. editText1);
for(Button button:buttons) {
  button. setOnClickListener(this);
    };
  }
  public void onClick(View v) {
    if(v = = buttons[0]){
      et. setText("您按下了" + ((Button)v). getText());
    }elseif(v = = buttons[1]){
      et. setText("您按下了" + ((Button)v). getText());
    }else
      et. setText("您按下了" + ((Button)v). getText());
  }
}
```

(3)OnFocusChangeListener 接口

OnFocusChangeListener 用来处理组件焦点发生改变的事件,如果注册了该接口,当某个组件失去焦点或者获得焦点时都会触发该接口中的回调方法,其回调方法为:public void onfocusChange(View v,Boolean hasFocus),其中 hasFocus 表示事件源 v 的新状态,即 v 是否获得焦点。

(4)OnKeyListener 接口

OnKeyListener 是对手机键盘进行监听的接口,通过对某个视图注册监听,当视图获得焦点并有键盘事件时,便会触发该接口中的回调方法。其回调方法为:public boolean onkey(View v,int keyCode, KeyEvent event),其方法属性与之前介绍的 onKeyUp(int keyCode, KeyEvent event)方法的属性基本相同。

(5)OnTouchListener 接口

OnTouchListener 是用来处理手机屏幕事件的监听接口,当视图范围内触摸按下、抬起或滑动都会触发该事件。其回调方法为:public boolean onTouch(View v,MotionEvent event),其方法属性与之前介绍的 onKeyUp(int keyCode,KeyEvent event)方法的属性也基本相同。

OnFocusChangeListener、OnkeyListener 和 OnTouchListener 接口的使用方法基本与之前介绍的 OnClickListener 接口相同,在此不再赘述。

6.4.3 Handler 消息传递机制

在 Android 平台下,不允许 Activity 新启动的线程访问该 Activity 里的界面组件,这样就会导致新启动的线程无法动态改变界面组件的属性值。但在实际 Android 应用开发中,尤其是涉及动画的游戏开发中,需要新启动的线程周期性地改变界面组件的属性值,这就需要借助于 Handler 的消息传递机制来实现了。

Handler 类的常用的方法及说明如表 6.9 所示。

表 6.9   Handler 类的常用方法

方法	说明
void handleMessage(Message msg)	子类对象通过该方法接受消息
final boolean sendEmptyMessage(int what)	发送一个空消息
final boolean sendMessage(Message msg)	发送消息到 Handler,通过 handleMessage()方法接受
final boolean sendMessageDelayed(Message msg,long delayMillis)	指定多少毫秒之后发送消息
final boolean hasMessage(int what)	检测消息队列中是否还有 what 属性为指定值的消息
final boolean, postDelayed(Runnable r, long delayMillis)	将一个线程添加到消息队列

开发 Handler 类的主要步骤为:首先在 Activity 或 Activity 的组件中开发 Handler 类的对象,并重写 handleMessage(Message msg)方法,然后在新启动的线程中调用 sendEmptyMessage(int what)或者 sendMessage(Message msg)方法向 Handler 发送消息,最后 Handler 的对象用 handleMessage(Message msg)方法接受消息,然后根据消息的不同执行不同的操作。

Ch06_13_Handler 工程是实现了 Handler 消息传递机制的实例,通过 Timer 周期性地执行任务,由新线程来周期性地改变 ImageView 的属性,从而实现四张图片周期性地循环出现的动画效果。其显示效果如图 6.13 所示。

图 6.13 Handler 消息传递
机制的显示界面

HandlerActivity.java 中的核心代码如下:

```
public class HandlerActivity extends Activity {
// 定义周期性显示的图片的 ID
int[] imageIds = newint[] { R.drawable.m1, R.drawable.m2, R.drawable.m3,
    R.drawable.m4 };
```

```
intcurrentImageId = 0;
@ Override
public void onCreate( Bundle savedInstanceState) {
    super. onCreate( savedInstanceState) ;
    setContentView( R. layout. main) ;
    final ImageView show = ( ImageView) findViewById( R. id. iv) ;
    final Handler myHandler = new Handler( ) {
        @ Override
        public void handleMessage( Message msg) {
            @ Override
            public void handleMessage( Message msg) {
                // 动态地修改所显示的图片
                show. setImageResource( imageIds[ currentImageId + + ] ) ;
                if ( currentImageId > = 4) {
                    currentImageId = 0;
                }
            }
        }
    };
    // 定义一个计时器,让该计时器周期性地执行指定任务
    new Timer( ). schedule( new TimerTask( ) {
        @ Override
        public void run( ) {
            // 新启动的线程无法访问该 Activity 里的组件
            // 所以需要通过 Handler 发送信息
            Message msg = new Message( ) ;
            msg. what = 0x9999;
            // 发送消息
            myHandler. sendMessage( msg) ;
        }
    }, 0, 800) ;
}
}
```

习　　题

1. 简述 Android 中三种菜单的特点及其使用方法。

2. 根据设计好的登录界面,结合本章学习的事件处理,实现真正的可登录界面。

第 7 章

Activity 与 Intent

学习目标：
- ➤ 了解 Android 程序的进程及其优先级
- ➤ 掌握 Activity，了解 Activity 的生命周期
- ➤ 掌握 Intent 和使用 Intent 传递数据
- ➤ 了解 Activity 之间切换的动画效果

在 Android 应用程序中，Activity 是用户唯一可以看得到的东西。它是应用程序的表示层，应用程序的每个屏幕的显示都是通过继承和扩展基类中的 Activity 来实现的。通过本章的学习，首先可以使读者对 Android 程序的进程及其优先级有一个认识，随后主要讲述与用户进行交互的 Activity 和传达各个 Activity 数据与跳转的 Intent，最后学习 Activity 之间切换的动画效果。

7.1   Android 程序的进程及其优先级

Android 应用程序的生命周期是指从程序启动开始到程序终止为止的整个过程。目前，Android 适用于两种电子设备：智能手机和平板电脑。而无论哪种电子设备，其硬件配置都因为设备本身的轻巧易携带而受到严格限制，因此，其资源管理就显得格外重要。为了保证应用程序较好的体验性，Android 对应用程序的进程进行了严格管理，并随时准备收回不太重要的进程。由此可知，Android 程序本身并不能控制自己的生命周期。换句话说，程序可以知道自己什么时候开始，但是预料不到自己什么时候会被终止，其中止完全由系统控制。

7.1.1   程序的进程

在默认情况下，同一个应用程序内的所有组件都是运行在同一个进程中的，大部分应用程序也不会去改变它。不过，如果需要指定某个特定组件所属的进程，则可以利用 AndroidManifest. xml 文件来达到目的。

AndroidManifest. xml 文件中的每种组件元素 < Activity >、< service >、< receiver > 和 < provider > 都支持定义 Android：process 属性，用于指定组件运行的进程。设置此属性即可实现每个组件在各自的进程中运行，或者某几个组件共享一个进程而其他组件运行于独立的进程，也可以使不同应用程序的组件运行在同一个进程中，实现多个应用程序共享同一个用户 ID，赋予同样的权限。

7.1.2 进程优先级

在 Android 中,进程优先级依次分为:前台进程(Foreground Process)、可见进程(Visible Process)、服务进程(Service Process)、后台进程(Background Process)和空进程(Empty process)。Android 根据进程优先级来终止进程以节省资源。

(1)Foreground Process

当 Android 手机与用户处于交互状态时,一定会有一个或多个进程与用户进行或即将进行数据交换,这种进程就叫作 Foreground Process。Foreground Process 一般分为以下情况:正运行着一个与用户交互的 Activity(Activity 对象的 onResume()方法已经被调用);寄宿一个 Service,该 Service 与一个用户交互的 Activity 绑定;有一个 Service 对象执行它的生命周期回调(onCreate()、onStart()、onDestroy());有一个 BroadcastReceiver 对象执行它的 onReceive(Context, Intent)方法。

Foreground Process 也是 Android 进程中最重要的进程,一般情况下,此种进程一直保留,以确保用户有良好的用户界面体验。但是当有太多个 Foreground Process 同时运行导致系统资源不足时,系统会自动清除一些 Foreground Process 以确保主进程能够良好地运行。

(2)Visible Process

Visible Process 没有前台组件,但仍会影响用户在屏幕上所见内容的进程。满足以下任一条件时,进程被认为是可见的。

①运行着不在前台的 Activity,但用户仍然可见到此 Activity(onPause()方法被调用了)。

②运行着被可见(或前台)Activity 绑定的 Service。

Visible Process 被认为是非常重要的进程,除非无法维持所有 Foreground Process 同时运行,否则 Visible Process 是不会被终止的。它的优先级比 Foreground Process 低,但比其他任何进程都高。

(3)Service Process

Service Process 即由 startService(Intent)方法启动的进程。虽然 Service Process 不直接和用户所见内容关联,但是它通常执行一些与用户联系特别紧密的操作(如在后台播放音乐或从网络下载数据等)。因此,除非内存不足以维持所有 Foreground Process、Visible Process 同时运行,系统会保持 Service Process 的运行。

(4)Background Process

Background Process 即目前用户不可见的 Activity(Activity 对象的 onStop()方法已被调用)的进程。这些进程对用户体验没有特别直接的影响,系统可能在任意时间终止它们以回收内存,供 Foreground Process、Visible Process 及 Service Process 使用。通常系统运行一段时间后会有很多 Background Process 在运行,所以它们被保存在一个最近最少使用的列表中,以确保最近被用户使用的 Activity 最后一个被终止。如果一个 Activity 正确实现了生命周期方法,并保存了当前的状态,则终止此类进程不会对用户体验产生可见的影响。因为在用户返回时,Activity会恢复所有可见的状态。

（5）Empty Process

Empty Process 是不含任何 Activity 应用程序组件的进程。保留这种进程的唯一目的就是用作缓存，以改善下次在此进程中运行组件的启动时间。为了在进程缓存和内核缓存间平衡系统整体资源，系统经常会终止这种进程。

依据进程中目前活跃组件的重要程度，Android 会给进程评估一个尽可能高的级别。如果该进程同时包含多种进程的特点，则以最高进程的特点定义此进程。如：一个进程中运行着一个 Service 和一个用户可见的 Activity，则此进程会被评定为 Visible Process，而不是 Service Process。

一个进程的级别可能会由于其他进程的依赖而被提高，所以为其他进程提供 Service 的进程级别永远不会低于使用此 Service 的进程。如：A 进程中的 ContentProvider 为 B 进程中的客户端提供 Service，或 A 进程中的 Service 被 B 进程中的组件所调用，则 A 进程优先级至少与 B 进程同级。

因为运行 Service 的 Service Process 优先级级别是高于 Background Process 的，所以，如果 Activity 需要启动一个长时间运行的操作，则为其启动一个 Service 会比简单地创建一个工作线程更好些。如：一个 Activity 要把文件下载至本地，就应该创建一个 Service 来执行，这样即使用户离开了这个 Activity，下载还是会在后台继续运行。不论 Activity 发生什么情况，使用 Service 可以保证操作至少拥有"Service Process"的优先级。

7.2　Activity

Activity 提供了和用户交互的可视化界面，是 Android 应用程序与使用者互动的主要元素。在使用 Android 手机时，无论打开哪个程序，当程序打开出现第一个界面时，这个界面一般也就是程序默认启动的 Activity。通常，一个普通应用程序由多个 Activity 组成，但无论多少个 Activity，只要程序需要在运行时调用，就必须在 AndroidManifest. xml 中注册。

Activity 在创建时生成各种组件视图，这些视图负责具体功能。Activity 通常使用全屏模式，也有浮动窗口模式和嵌入模式。它的继承类通常需要重载两个方法，具体如下：

①onCreate（Bundle savedInstanceState）是初始化函数，在这里可以调用 setContentView（int）方法来设置界面布局，也可以通过 findViewById（int）方法来获取其子组件。

②onPause（）是失去焦点后所调用的函数，重要的是应在这里保存用户的输入，通常用 ContentProvider 暂存这些数据。

直观上来看，每一个 Activity 通常只负责一个屏幕的内容。当工程建立时所创建的 Activity 为一个默认的 Activity，且此 Activity 为程序默认打开的第一个 Activity，即用户打开程序所看见的第一个界面。如需添加 Activity，只需在 Activity 文件夹图标上点击右键，选择"New→Class"选项，在弹出的"New Java Class"界面窗口中填入新 Activity 的名称等就可以新建界面。

Ch07_01_Activity 工程是将 Activity 默认界面"R. layout. main"，设置为"R. layout. newactivity"的实例，如图 7.1 所示。

在 XML 文件中（res/layout/newactivity. xml）的代码如下：

```
<? xml version = "1.0" encoding = "utf - 8"? >
< LinearLayout xmlns: android = " http://schemas. an-
droid. com/apk/res/android"
    android: layout_width = "fill_parent"
    android: layout_height = "fill_parent"
    android: orientation = "vertical"  >
    <TextView
      android: layout_width = "fill_parent"
      android: layout_height = "wrap_content"
      android: text = "这是我的第一个 Activity" / >
</LinearLayout >
```

图 7.1　Activity 运行结果显示界面

ActivityActivity. java 中的核心代码如下：

```
public class ActivityActivity extends Activity {
    / * * Called when the activity is first created.  * /
    public void onCreate( Bundle savedInstanceState) {
        super. onCreate( savedInstanceState) ;
        setContentView( R. layout. newactivity) ;
    }
}
```

在每个 Android 工程中，打开 AndroidManifest. xml 文件，有一个或多个 Activity 标签。Activity 是 Android 应用程序与用户互动的主要元素，无论是用户打开程序看到的第一个界面还是退出前的最后一个界面，都是一个 Activity。一个普通的程序一般都会有多个界面，所以也需要在 application 标签中使用多个 Activity 标签，为不同的 Activity 添加代码。

在 AndroidManifest. xml 文件中的代码如下：

```
<? xml version = "1.0" encoding = "utf - 8"? >
< manifest xmlns: android = "http://schemas. android. com/apk/res/android"
    package = "edu. hrbeu. Activity"
    android: versionCode = "1"
    android: versionName = "1.0"  >
    < uses - sdk android: minSdkVersion = "10" / >
    < application
      android: icon = "@ drawable/ic_launcher"
      android: label = "@ string/app_name"  >
      < activity
        android: label = "@ string/app_name"
        android: name = ". ActivityActivity"  >
        < intent - filter  >
```

```
        < action android:name = " android. intent. action. MAIN" / >
        < category android:name = " android. intent. category. LAUNCHER" / >
    < /intent - filter >
  < /activity >
 < /application >
< /manifest >
```

7.3 Activity 的生命周期

Android 程序的生命周期是由 Android 系统控制,程序本身不能决定。有时因为手机所具有的一些特殊性,所以需要更多地关注各个 Android 程序运行时的生命周期模型。其特殊性主要在于:

①在进行手机应用时,用户可以在任意时刻通过程序的功能按钮切换界面,也可以通过 Back 键和 Home 键快速返回。

②手机会在不确定的某个时刻发生一些需要强制改变状态的事件。如:来电时,无论现在手机处于什么界面,来电显示界面都会优于目前的界面显示。

7.3.1 Activity 栈

在 Android 系统中,所有的 Activity 被保存在 Activity 栈中。当前台也就是处于栈顶的 Activity 因为异常或其他原因(如:用户点击 Back 键)被销毁时,处于栈第二层的 Activity 将被激活,上浮到栈顶。当新的 Activity 启动入栈时,原 Activity 会被压入到栈的第二层,如图 7.2 所示。

图 7.2　Activity 栈管理示意图

除了最顶层即处在激活状态的 Activity 外,其他的 Activity 都有可能在系统内存不足时被回收 ,一个 Activity 越是处在栈的底层,它被系统回收的可能性越大。系统负责管理栈中的

Activity,它根据 Activity 所处的状态来改变其在栈中的位置。

7.3.2　Activity 的状态及生命周期

Activity 在生命周期的不同时刻,可能会位于不同的状态,具体状态如下:

①激活状态(Active):一个新 Activity 启动入栈后,它在屏幕最前端,处于栈的最顶端,此时它处于可见并可和用户交互的 Active。Android 会尽可能维持处于 Active 的 Activity,采取措施包括终止位于 Activity 栈上不位于栈顶的 Activity,以便释放资源。

②暂停状态(Paused):Activity 失去了焦点但是仍然可见(这个 Activity 遮挡了一个透明的或者非全屏的 Activity),它的状态是暂停。Paused 的 Activity 一般也不会被系统结束,但当系统内存极度贫乏时会将其结束。

③停止状态(Stopped):如果一个 Activity 完全不可见,那么此时,它的状态处于停止。它仍然保持着所有的状态和成员的信息,以便下次需要此 Activity 可见时,能快速切换。可是当别的地方需要内存的时候,它经常会被销毁,因为它是关闭的首选对象。

④销毁或未启动状态(Killed):Activity 是 Paused 或者 Stopped,系统需要将其清理出内存,可以命令其 Finish 或者简单 Kill 其进程。此时,Activity 就处于 Killed。这个状态下,Activity 已经从 Activity 栈中移除。当它重新在用户面前显示的时候,它必须完全重新启动并且将其关闭之前的状态全部恢复回来。

图 7.3 是 Activity 的状态图,直角矩形代表了方法,可以实现这些方法从而使 Activity 在改变状态的时候执行制定的操作,圆角矩形是 Activity 的主要状态。

Activtiy 的整个生命周期中有下列方法:

①protected void onCreate(Bundle savedInstanceState)是一个 Activity 的对象被启动时调用的第一个方法。可以做一些初始化数据、设置用户界面等工作。大多数情况下,需要在 XML 文件中加载设计好的用户界面。

②protected void onStart( )是在 onCreate(Bundle savedInstanceState)方法之后被调用,或者在 Activity 从 Stop 状态转换为 Active 状态时被调用的方法。

③protected void onResume( )是在 Activity 从 Pause 状态转换到 Active 状态时被调用的方法,一般做数据恢复工作。

④protected void onPause( )是在 Activity 从 Active 状态转换到 Pause 状态时被调用的方法,一般用于保存 Activity 的状态信息。

⑤protected void onStop( )是在 Activity 从 Active 状态转换到 Stop 状态时被调用的方法。

⑥protected void onDestroy( )是在 Active 被结束时调用的方法,它是被结束时调用的最后一个方法,在这里一般做些释放资源、清理内存等工作。

⑦protected void onRestart( )是在 Activity 从 Stop 状态转换为 Active 状态时被调用的方法,不经常使用。

Activity 的生命周期可以分成下列三个过程:

①整个完整的生命周期:从第一次调用 onCreate(Bundle savedInstanceState)开始直到调用 onDestroy( )结束。一个 Activity 在 onCreate(Bundle savedInstanceState)中做所有的"全局"状态的

初始设置,在 onDestroy( )中释放所有保留的资源。如:有一个线程运行在后台从网络上下载数据,它可能会在 onCreate(Bundle savedInstanceState)中创建线程,在 onDestroy( )中结束线程。

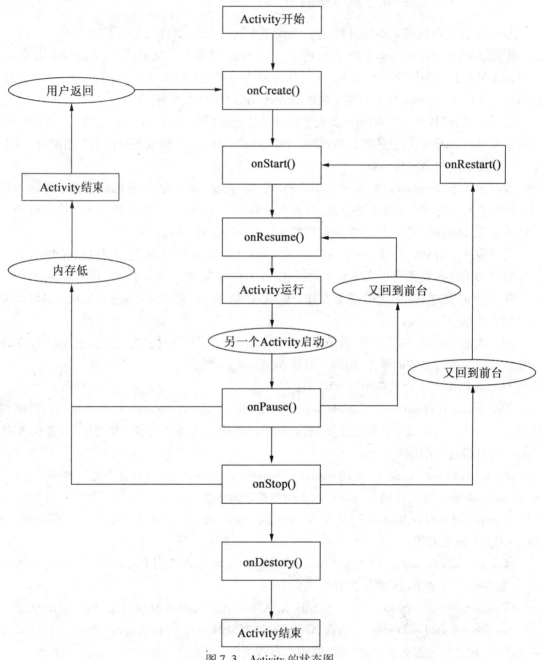

图 7.3　Activity 的状态图

②可视生命周期:从调用 onStart( )到相应地调用 onStop( )。在这期间,用户可以在屏幕上看见 Activity,虽然它可能不是运行在前台且与用户交互。在这两个方法之间,可以保持显示 Activity 所需要的资源。如:可以在 onStart( )中注册一个广播接收者监视影响用户界面的改变,在 onStop( )中注销。因为 Activity 在可视和隐藏之间来回切换,onStart( )和 onStop( )可

以调用多次。

③可见前台生命周期：从调用 onResume( ) 到相应地调用 onPause( )。在这期间，频繁地在重用和暂停状态转换。如：当设备进入睡眠状态或一个新的 Activity 启动时调用 onPause( )，当一个 Activity 返回或一个新的 Intent 被传输时调用 onResume( )。因此，这两个方法的代码应当是相当轻量级的。

一般当打开一个程序的时候，会先后执行该程序主 Activity 的 onCreate(Bundle savedInstanceState)→onStart( )→onResume( ) 三个方法。而当退出程序时，先后执行该 Activity 的 onPause( )→onStop( )→onDestory( ) 三个方法。当打开应用程序时，如：当正在浏览 NBA 新闻，看到一半时，突然想听歌，这时候会选择按 Home 键，然后去打开音乐应用程序，而当按 Home 键的时候，Activity 先后执行了 onPause( )→onStop( ) 这两个方法，这时候应用程序并没有销毁。而当再次启动浏览 NBA 新闻应用程序时，则先后分别执行了 onRestart( )→onStart( )→onResume( ) 三个方法。

这里会引出一个问题，当按 Home 键，然后再进入 Activity 应用时，应用的状态应该和按 Home 键之前的状态一样，所以，一般在 onPause( ) 里保存一些数据和状态。在 onResume( ) 里面来恢复数据。

Android 的应用程序可以是多线程的，并且允许同时运行多个应用程序。应用程序可以拥有后台进程，并且可以被来电等事件中断。然而，在同一个时间内只能有一个 Activity 的应用程序对用户可见。也就是说，在任意时间，只能有一个应用程序的 Activity 处于前台。

7.4 Intent

在 Activity 中，无论建立多少个 Activity，它们都是独立的。要想让它们之间可以互相调用，协调工作，组成一个真正的 Android 应用程序，就需要在中间创建一个纽带，而这个纽带大部分情况就是 Intent。

Android 中提供了 Intent 机制来协助应用程序之间的交互和通信，Intent 负责对应用程序中一次操作的动作、动作涉及数据、附加数据进行描述，Android 则根据此 Intent 的描述，负责找到对应的组件，将 Intent 传递给调用的组件，并完成组件的调用。Intent 不仅可用于应用程序之间，也可用于应用程序内部的 Activity 、Service 或者 Broadcast 之间的交互。因此，Intent 在这里起着一个媒体中介的作用，专门提供组件互相调用的相关信息，实现调用者与被调用者之间的解耦。

作为一个完整的消息传递机制，Intent 不仅需要发送组件，还需要接收目标组件。对于明确指出了目标组件名称的 Intent，我们称之为显式 Intent；对于没有明确指出目标组件名称的 Intent，则称之为隐式 Intent。Android 使用 Intent Filter 来寻找与隐式 Intent 相关的对象。

7.4.1 显式 Intent

（1）同一应用程序中 Activity 之间的跳转

在一个联系人列表的应用中，如果当点击某个联系人后，希望能够跳出此联系人的详细信息界面。为了实现这个目的,Activity 需要构造一个 Intent,这个 Intent 用于告诉系统,需要做"查看"动作,此动作对应的查看对象是"某联系人",然后调用 startActivity(Intent)进行跳转,将构造的 Intent 传入,系统会根据此 Intent 中的描述,到 AndroidManifest. xml 文件中找到满足此 Intent 要求的 Activity,然后系统会调用找到的 Activity,最终传入 Intent,找到的 Activity 则会根据此 Intent 中的描述,执行相应的操作。

Ch07_02_Intent01 工程是利用一个 Intent 来实现 Activity 跳转的实例,如图 7.4 所示。

图 7.4　同一应用程序中 Activity 之间的跳转显示界面

在 XML 文件中(res/layout/main. xml)的代码如下:

```
<? xml version = "1.0" encoding = "utf - 8"? >
<LinearLayout xmlns:android = "http://schemas. android. com/apk/res/android"
    android:layout_width = "fill_parent"
    android:layout_height = "fill_parent"
    android:orientation = "vertical"  >
  <TextView
    android:id = "@ + id/textview01"
    android:layout_width = "wrap_content"
    android:layout_height = "wrap_content"
    android:text = "这是 main Activity" / >
  <Button
    android:id = "@ + id/button01"
    android:layout_width = "wrap_content"
    android:layout_height = "wrap_content"
    android:text = "跳转到 Activity02" / >
  </LinearLayout >
```

在新建的 XML 文件中(res/values/activity02. xml)的代码如下:

```
<? xml version = "1.0" encoding = "utf - 8"? >
```

```
< LinearLayout xmlns:android = "http://schemas. android. com/apk/res/android"
    android:layout_width = "fill_parent"
    android:layout_height = "fill_parent"
    android:orientation = "vertical"  >
    < TextView
        android:id = "@ + id/textview02"
        android:layout_width = "wrap_content"
        android:layout_height = "wrap_content"
        android:text = "这是 Activity02" / >
</LinearLayout >
```

Intent01_01_Activity. java 中的核心代码如下：

```
public class Intent01_01_Activity extends Activity {
    / * * Called when the Activity is first created.  */
    @ Override
    public void onCreate( Bundle savedInstanceState) {
        super. onCreate( savedInstanceState) ;
        setContentView( R. layout. main) ;
        Button button  =  ( Button) findViewById( R. id. button01) ;
        button. setOnClickListener( new OnClickListener( ) {
            public void onClick( View view) {
                Intent Intent  =  new Intent( Intent01 _01 _Activity. this,  Intent01 _02 _Activity.
class) ;
                startActivity( Intent) ;
            }
        }) ;
    }
}
```

Intent01_02_Activity. java 中的核心代码如下：

```
public class Intent01_02_Activity extends Activity {
    / * * Called when the Activity is first created.  */
    @ Override
    public void onCreate( Bundle savedInstanceState) {
        super. onCreate( savedInstanceState) ;
        setContentView( R. layout. activity02) ;
    }
}
```

实现点击跳转的关键代码在于 Intent01_01_Activity. java 文件中的如下代码：

```
Button button  = （Button）findViewById（R. id. button01）；
    button. setOnClickListener（new OnClickListener（ ）{
        public void onClick（View view）{
            Intent Intent  = new Intent（Intent01_01_Activity. this，Intent01_02_Activity. class）；
            startActivity（Intent）；
        }
    }）；
```

其中,方法 Intent(Context packageContext, Class ＜？ ＞ cls)中的两个参数分别为 Context 和 Class,将 Class 设置为 Intent01_02_Activity. class,这样可以显式指定了 Intent01_02_Activity 类作为该 Intent 的接收者,通过后面的 startActivity(Intent)方法可启动 Intent01_02_Activity。注意,第一个参数可以简写成. this,也可以完整地写作 Intent01_01_Activity. this,表示 Intent 从本 Activity 进行跳转。

最终需要在 AndroidManifest. xml 文件中声明这两个 Activity,否则在程序编译时不会出错,但是在程序执行时会强制关闭。

（2）不同应用程序中 Activity 之间的跳转

有时也需要在不同应用程序中 Activity 之间的跳转,这与在同一应用程序中 Activity 之间的跳转略有不同。

Ch07_03_Intent02 工程是实现在一个新建的程序中,点击 Button 跳转至系统的拨号器的实例,如图 7.5 所示。

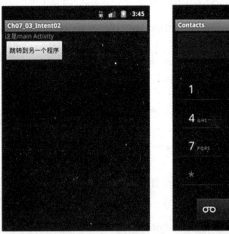

图 7.5　不同应用程序中 Activity 之间的跳转显示界面

在 XML 文件中(res/layout/main. xml)的代码如下：

```
＜？ xml version = "1. 0" encoding = "utf - 8"？ ＞
＜LinearLayout xmlns：android = "http：//schemas. android. com/apk/res/android"
    android：layout_width = "fill_parent"
    android：layout_height = "fill_parent"
    android：orientation = "vertical"  ＞
```

```
< TextView
    android:id = "@ + id/textview01"
    android:layout_width = "wrap_content"
    android:layout_height = "wrap_content"
    android:text = "这是 main Activity" / >
< Button
    android:id = "@ + id/button01"
    android:layout_width = "wrap_content"
    android:layout_height = "wrap_content"
    android:text = "跳转到另一个程序" / >
</LinearLayout >
```

Intent02Activity.java 中的核心代码如下：

```
public class Intent02Activity extends Activity {
    / * * Called when the Activity is first created. * /
    @Override
    public void onCreate( Bundle savedInstanceState ) {
        super.onCreate( savedInstanceState );
        setContentView( R.layout.main );
            Button button = ( Button )findViewById( R.id.button01 );
        button.setOnClickListener( new OnClickListener( ) {
            public void onClick( View view ) {
        Intent intent = new Intent( "com.android.phone.action.TOUCH_DIALER" );
                startActivity( intent );
                }
        } );
        }
}
```

方法 Intent(Context packageContext, Class < ? > cls) 中, 参数由两个变为一个, 并且是要跳转的 Activity 的全称(包含完整的路径)。

7.4.2　隐式 Intent

如果 Intent 机制仅仅提供显式 Intent, 则这种机制的应用范围就有一定的局限性, 并且各个程序之间过于独立。有时需要在程序中加入一些利用其他程序才能完成的功能, 如: 在访问程序官方网站时可能需要调用浏览器, 在反馈问题时可能需要调用拨打已知电话号码的程序等, 这时就需要启用隐式 Intent。

Ch07_04_Intent03 工程是实现启用隐式 Intent 完成拨打电话号码的功能实例, 如图 7.6 所示。

图 7.6   启用隐式 Intent 显示界面

在 XML 文件中(res/layout/main. xml)的代码如下:

```
< ? xml version = "1. 0" encoding = "utf - 8" ? >
< LinearLayout xmlns:android = "http://schemas. android. com/apk/res/android"
    android:layout_width = "fill_parent"
    android:layout_height = "fill_parent"
    android:orientation = "vertical" >
    < TextView
      android:layout_width = "fill_parent"
      android:layout_height = "wrap_content"
      android:text = "在这个 Activity,你可以拨打电话" / >
    < Button
      android:id = "@ + id/dailbtn"
      android:layout_width = "wrap_content"
      android:layout_height = "wrap_content"
      android:text = "点击拨打电话"/ >
</LinearLayout >
```

Intent03 Activity. java 中的核心代码如下:

```
public class Intent03 Activity extends Activity {
    / * * Called when the Activity is first created. * /
    @ Override
    public void onCreate( Bundle savedInstanceState) {
      super. onCreate( savedInstanceState) ;
      setContentView( R. layout. main) ;
      Button button = ( Button) findViewById( R. id. dailbtn) ;
      button. setOnClickListener( new OnClickListener( ){
```

```
        public void onClick(View view){
    Intent Intent1 = new Intent(Intent. ACTION_DIAL,Uri. parse("tel:123456789"));
        startActivity(Intent1);
    }
    });
    }
}
```

方法 Intent(Context packageContext，Class < ? > cls)中，参数 Intent. ACTION_DIAL 表示 Intent 的动作为 Intent. ACTION_DIAL，同时搜索调用系统中有打电话功能的程序，第二个参数 Uri. parse("tel:123456789")表示默认拨出的电话号码是 123456789，如果没有此参数，就只调用程序而不包含号码。

当系统中有多个程序具有接受 Intent. ACTION_DIAL 的功能时，系统将所有符合条件的列出来让用户进行选择，当安装第三方拨号程序 QQ 通讯录之后，用户需选择是用系统还是第三方程序来实现拨打电话功能。

7.4.3　Intent Filter

Intent Filter 是一种根据 Intent 中的动作(Action)、类别(Categorie)和数据(Data)等内容，对适合接收该 Intent 的组件进行筛选的机制。它可以匹配数据类型、路径和协议，还可以用来确定多个匹配项的优先级，应用程序的 Activity 组件、Service 组件和 BroadcaseReceiver 都可以注册 Intent Filter，这样，这些组件在特定的数据格式上可以产生相应的动作。

一个 Intent 对象就是一个信息包，它包含了要接收此 Intent 所需要的信息(如:需要的 Action 和 Action 需要的信息)和 Android 系统需要的信息(如:要处理此 Intent 组件的类别和怎样启动它)，Intent 对象主要包括以下信息:

(1) Component name

Component name 是目标组件的完整限定名(包名 + 类名)，如:"edu. hrbeu. Activity. Activity"，该字段是可选的，如果设置了此字段，那么 Intent 对象将会被传递到这个组件名所对应类的实例中(即显式 Intent)。如果没有设置，Android 会用 Intent 对象中的其他信息去定位到一个合适的目标组件中(即隐式 Intent)。

Component name 可以通过 setComponent(ComponentName)、setClass (Context，Class)或者 setClassName(context，class. getName( ))进行设置，通过 getComponent( ) 进行读取。

(2) Action

一个字符串，代表要执行的 Action，通常使用 Java 类名和包的完全限定名构成。Intent 类中定义了许多 Action 常量，也可以自定义 Action strings 来激活组件，自定义的 Action 应该包含完全的包名作为前缀，如:"edu. hrbeu. Activity. action01"。Action 很大程度上决定 Intent 余下部分的结构，特别是 Data 和 Extras 两个字段，就像一个方法的方法名通常决定了方法的参数和返回值。基于这个原因，应给 Action 起一个尽可能明确的名字。可以通过 setAction (String action)设置 Action，通过 getAction( )进行获取。

（3）Data

Data 属性由数据 URI 和数据 MIME TYPE（资源的媒体类型）两部分构成。Action 的定义往往决定了 Data 如何定义。如果一个 Intent 的 Action 为 ACTION_EDIT，则对应的 Data 应包含待编辑数据的 URI。如果一个 Action 为 ACTION_CALL，则 Data 应为电话号码的 URI。

当一个 Intent 和有能力处理此 Intent 的组件进行匹配时，除了 Data 的 URI 以外，了解 MIME TYPE 也很重要。如：一个显示图片的组件不应该去播放声音文件。

许多情况下，MIME TYPE 可以从 URI 中推测出来，其是 URI = content：URIs 时，数据通常是位于本设备上而且是由某个 ContentProvider 来控制的。即便如此，仍然可以明确地在 Intent 对象上设置一个 MIME TYPE。

setData（）方法只能设置 URI，setType（int type）设置 MIME TYPE，setDataAndType（Uri data，String type）可以对二者都进行设置，获取 URI 和 MIME TYPE 可以分别调用 getData（）和 getType（Uri）方法。

（4）Category

一个字符串，包含了处理该 Intent 组件的种类信息，起着对 Action 补充说明的作用，一个 Intent 对象可以有任意多个 Category。可以通过 addCategory（String）添加一个 Category，通过 removeCategory（String category）删除一个 Category，通过 getCategories（）获取所有的 Category。

（5）Extras

Extras 是键–值对形式的附加信息。如：ACTION_TIMEZONE_CHANGED 的 Intent 有一个 "time–zone"附加信息来指明新的时区，而 ACTION_HEADSET_PLUG 有一个"state"附加信息来指示耳机是被插入还是被拔出。

Intent 对象有一系列 put...（）和 set...（）方法来设定和获取附加信息，也可以使用 putExtras（Bundle）和 getExtras（）作为 Bundle 来读和写。

（6）Flags

Android 有各种各样的标志来指示如何去启动一个 Action 和启动之后如何对待它。所有这些标志都定义在 Intent 类中。

AndroidManifest. xml 文件中的每个组件 < intent – filter > 都被解析成一个 Intent Filter 对象，当应用程序安装到 Android 系统上时，所有的组件和 Intent Filter 都会注册到 Android 系统中，这样，Android 将任意一个 Intent 请求通过 Intent Filter 映射到相应的组件上。

Intent 到 Intent Filter 的映射过程称为 Intent 解析，Intent 解析的匹配规则有：Android 把所有应用程序包中的 Intent Filter 集合在一起，形成一个完整的 Intent Filter 列表；在进行匹配时，Android 会将列表中所有 Intent Filter 的"Action"和"Category"与 Intent 进行匹配，任何不匹配的 Intent Filter 都将被过滤掉，没有指定动作的 Intent Filter 可以匹配任何的 Intent，但是没有指定"Category"的 Intent Filter 只能匹配没有"Category"的 Intent；把 Intent 数据的 URI 的每个子部与 Intent Filter 的 <data> 标签中的属性进行匹配，如果 <data> 标签指定了协议、主机名、路径名或 MIME 的类型，那么这些属性都要与 Intent 的 URI 数据部分进行匹配，任何不匹配的 Intent Filter 都会被过滤掉；如果 Intent Filter 多于一个，则可以根据在 < inter – filter > 标签中定义的优先级标签来对 Intent Filter 进行排序，优先级最高的 Intent Filter 将被选择。

关于以上这些信息可以查阅 SDK 文档中的 Android. content. Intent 类进行具体详细地了解。需要注意的是,虽然 Intent 是 Activity 之间联系的纽带,但是 Intent 不是只能启动 Activity,还可以启动 Service,发起 Broadcast 等。

7.5　使用 Intent 传递数据

无论是显式还是隐式 Intent 跳转 Activity,跳转后与跳转前的 Activity 并无任何关联,它们相互独立。

而应用程序中总需要跳转到另一个 Activity 是为了获取数据给之前被中止的 Activity 或者 Activity 之间互相传送数据的时候,可以使用 Intent 进行数据传递。

7.5.1　Bundle/putExtra(String,Bundle)传递数据

(1)Bundle 传递数据

Bundle 是用来传递数据用的,它是一种键 - 值对,键必须为 string 类型,值可以为多种类型。顾名思义,Bundle 是捆的意思,说明可以容纳不止一组键 - 值对,可以向 Bundle 里添加多组键 - 值对。

Ch07_05_Bundle 工程是实现 Bundle 传递数据的实例,如图 7.7 所示。

图 7.7　Bundle 传递数据结果显示界面

在 XML 文件中(res/layout/main. xml)的代码如下:

```
<? xml version = "1.0" encoding = "utf - 8"?>
<LinearLayout xmlns:android = "http://schemas. android. com/apk/res/android"
    android:layout_width = "fill_parent"
    android:layout_height = "fill_parent"
    android:orientation = "vertical" >
    <EditText
        android:id = "@ + id/editText1"
        android:layout_width = "match_parent"
```

```
        android:layout_height = "wrap_content"
        android:hint = "请输入联系人"  >
        < requestFocus / >
    </EditText >
    < EditText
        android:id = "@ + id/editText2"
        android:layout_width = "match_parent"
        android:layout_height = "wrap_content"
        android:hint = "请输入电话号码"
        android:phoneNumber = "true" / >
    < LinearLayout
        android:id = "@ + id/linearLayout1"
        android:layout_width = "match_parent"
        android:layout_height = "wrap_content"  >
        < Button
            android:id = "@ + id/button1"
            android:layout_width = "match_parent"
            android:layout_height = "wrap_content"
            android:text = "增加联系人" / >
    </LinearLayout >
    </LinearLayout >
```

在新建的 XML 文件中(res/values/result. xml)的代码如下:

```
<? xml version = "1.0" encoding = "utf – 8" ?  >
< LinearLayout xmlns:android = "http://schemas. android. com/apk/res/android"
    android:layout_width = "match_parent"
    android:layout_height = "match_parent"
    android:orientation = "vertical"  >
    < TextView
        android:id = "@ + id/textView1"
        android:layout_width = "wrap_content"
        android:layout_height = "wrap_content"
        android:text = "TextView"  / >
    </LinearLayout >
```

Bundle_01_Activity. java 中的核心代码如下:

```
public class Bundle_01_Activity extends Activity {
    public void onCreate( Bundle savedInstanceState) {
        super. onCreate( savedInstanceState) ;
        setContentView( R. layout. main) ;
        Button addbutton = ( Button) findViewById( R. id. button1) ;
```

```
    addbutton. setOnClickListener( new OnClickListener( ) {
        public void onClick( View v) {
    EditText edittext = ( EditText) findViewById( R. id. editText1) ;
    EditText edittext2 = ( EditText) findViewById( R. id. editText2) ;
    Bundle data = new Bundle( ) ;//声明一个 Bundle,名字叫 data
        //将两个 edittext 的数据赋值给两个 string 类型变量 name 和 number
    String name = edittext. getText( ). toString( ) ;
    String number = edittext2. getText( ). toString( ) ;
```

//将获取的数据全部装入定义为 Bundle 类型的变量 data 中,name 取的键名叫 "name",而电话号码的键名叫"number"

```
    data. putString( "name" , name) ;
    data. putString( "number" ,number) ;
```

//定义一个新 Intent 对象,然后将之前装入全部数据的 data 也赋给 Intent 对象,最后跳转。这样,数据就被完整地通过 Bundle 给 Intent 了

```
    Intent intent = new Intent( Bundle_01_Activity. this,Bundle_02_Activity. class) ;
    intent. putExtras( data) ;
    startActivity( intent) ;
        }
    });
        }
}
```

Bundle_02_Activity. java 中的核心代码如下:

```
public class Bundle_02_Activity extends Activity {
    public void onCreate( Bundle savedInstanceState) {
        super. onCreate( savedInstanceState) ;
        setContentView( R. layout. result) ;
        TextView textview = ( TextView) findViewById( R. id. textView1) ;
    //声明一个 Intent 对象,并定义为获取之前跳转那个 Intent 对象
        Intent intent = getIntent( ) ;
    //定义一个 Bundle 对象,并将 intent 中的 bundle 取出,赋值给声明的 bundle
        Bundle bundle = intent. getExtras( ) ;
    //取出被捆绑在 bundle 中的数据
        String name = bundle. getString( "name" ) ;
        String number = bundle. getString( "number" ) ;
    //最后,显示在屏幕上,并为"名字:电话"的格式
        textview. setText( name + " : " + number) ;
    }
}
```

最终需要在 AndroidManifest. xml 文件中声明这两个 Activity,否则在程序编译时不会出

错,但是在程序执行时会强制关闭。

(2) putExtra(String, Bundle)传递数据

在实际的应用中,通过 Bundle 可以传递一些简单的数据时,可以用 putExtra(String, Bundle)更加方便。如:

Intent intent = new Intent(this,xxx. class);

Bundle bundle = new Bundle();

bundle. putBoolean("test", true);

intent. putExtras(bundle);

startActivity(intent);

这段代码是说将 test 数据传向 xxx. java 文件,与它作用等同的是:

Intent intent = new Intent(this,xxx. class);

intent. putExtra("test", true);

startActivity(intent);

值得注意的是,使用 Bundle 传递数据用的是 putExtras(Bundle)方法,而使用 putExtra (String, Bundle)方法,extra 后面没有 s。

7.5.2　startActivityForResult(Intent, int)传递数据

在应用程序开发中除了给下一个 Activity 传递数据之外,很多时候需要给上一个 Activity 返回数据,这时,较好的方法就是用 startActivityForResult(Intent, int)传递数据。

Ch07_06_ReturnValue 工程是实现 startActivityForResult(Intent, int)传递数据的实例,运行结果如图 7.8 所示。在图 7.8 中当点击"从通讯录选择联系人"时,如果 AVD 内没有联系人则跳转到如图 7.9 显示的界面,如果有联系人则跳转到如图 7.10 所示的界面。在图 7.10 中当点击"KFC"联系人后,返回到父 Activity,父 Activity 显示 KFC 联系人姓名"KFC",如图 7.11 所示。在图 7.8 中当点击"输入联系人"时,跳转到如图 7.12 所示的界面,输入 pizzahut,点击确定后,父 Activity 显示输入的联系人姓名"pizzahut",如图 7.13 所示。

图 7.8　startActivityForResult 传递数据界面

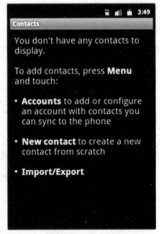
图 7.9　无联系人时显示界面

图 7.10　有联系人时显示界面

图 7.11　选择 KFC 后的父 Activity 界面

图 7.12　点击"输入联系人"界面

图 7.13　输入联系人后返回父 Activity 界面

在 XML 文件中(res/layout/main. xml)的代码如下:

```xml
<? xml version = "1.0" encoding = "utf-8"? >
<LinearLayout xmlns:android = "http://schemas. android. com/apk/res/android"
    android:layout_width = "fill_parent"
    android:layout_height = "fill_parent"
    android:orientation = "vertical" >
    <TextView
        android:id = "@ + id/textView1"
        android:layout_width = "wrap_content"
        android:layout_height = "wrap_content"
        android:text = "目前联系人为空" / >
<LinearLayout
    android:layout_width = "fill_parent"
```

```
        android:layout_height = "fill_parent"
        android:orientation = "horizontal"   >
        < Button
          android:id = "@ + id/button1"
          android:layout_width = "match_parent"
          android:layout_height = "wrap_content"
          android:layout_weight = "1"
          android:text = "从通讯录选择联系人" / >
        < Button
          android:id = "@ + id/button2"
          android:layout_width = "match_parent"
          android:layout_height = "wrap_content"
          android:layout_weight = "1"
          android:text = "输入联系人" / >
    </LinearLayout >
</LinearLayout >
```

在新建的 XML 文件中(res/values/input. xml)的代码如下:

```
<? xml version = "1.0" encoding = "utf - 8"?   >
< LinearLayout xmlns:android = "http://schemas. android. com/apk/res/android"
    android:layout_width = "match_parent"
    android:layout_height = "match_parent"
    android:orientation = "vertical"   >
    < EditText
      android:id = "@ + id/editText1"
      android:layout_width = "match_parent"
      android:layout_height = "wrap_content"   >
        < requestFocus / >
    </EditText >
    < Button
      android:id = "@ + id/button1"
      android:layout_width = "match_parent"
      android:layout_height = "wrap_content"
      android:text = "确定" / >
</LinearLayout >
```

ReturnValue_01_Activity. java 中的核心代码如下:

```
public class ReturnValue_01_Activity extends Activity {
    //声明了两个 integer 常量 REQUESTCODE 和 REQUESTCODE2,这两个 REQUEST-
```

CODE 是要切换到两个子 Activity 的标识码,代表之后要用到的唯一 ID

```
        final int REQUESTCODE = 1;
        final int REQUESTCODE2 = 2;
            public void onCreate( Bundle savedInstanceState） ｛
            super. onCreate( savedInstanceState） ;
            setContentView( R. layout. main） ;
            Button choosebutton = （ Button）findViewById( R. id. button1） ;
            Button inputbutton = （ Button）findViewById( R. id. button2） ;
            choosebutton. setOnClickListener( new OnClickListener( ) ｛
                public void onClick( View v） ｛
        //表示系统通过 intent 跳转到通讯录联系人选择界面
                    Intent intent = new Intent( Intent. ACTION_PICK, android. provider. Contacts-
Contract. Contacts. CONTENT_URI） ;
        //表示开始跳转到子 Activity,它的标识码是 REQUESTCODE,也就是 1
                    startActivityForResult( intent , REQUESTCODE） ;
                ｝
            ｝） ;
            inputbutton. setOnClickListener( new OnClickListener( ) ｛
                public void onClick( View v） ｛
        //表示跳转到 ReturnValue_02_Activity,并且标识码是 REQUESTCODE2,也就是 2
                    Intent intent = new Intent( ReturnValue_01_Activity. this , ReturnValue_02_Ac-
tivity. class） ;
                    startActivityForResult( intent , REQUESTCODE2） ;
                ｝
            ｝） ;
        ｝
```

//当两个跳转代码写完之后,需要重写方法 onActivityResult(int, int, Intent),这个方法就是当从子 Activity 返回本 Activity 后系统要执行的方法,所以传递的数据要通过重写此方法才能变得有意义。在方法 onActivityResult(int requestcode,int resultcode,Intent intent)中有三个参数,requestcode 是之前定义的标识码,跳转到子 Activity 时的标识码也就是子 Activity 跳转回来的标识码,而 resultcode 表示结果的状态,当为 RESULT_OK 时表示成功状态,而 intent 表示跳转的 intent。

```
            public void onActivityResult( int requestcode ,int resultcode ,Intent intent）｛
            super. onActivityResult( requestcode, resultcode, intent） ;
            TextView textview = （ TextView）findViewById( R. id. textView1） ;
```

//需要选择标识码,以判断是从哪一个子 Activity 返回,当判断后需要判断 resultcode 是否是 RESULT_OK,如若是才能继续运行

```
        switch（requestcode）{
```
//当返回标识码为 1 时,表示是从子 Activity 通讯录选择返回,则从通讯录的返回值中选择出名字,然后赋给 textview
```
        case REQUESTCODE：
            if（resultcode ＝＝ RESULT_OK）{
                String name；
                Uri contactData ＝ intent. getData（）；
                Cursor c ＝ managedQuery（contactData, null, null, null, null）；
                c. moveToFirst（）；
    name ＝c. getString（c. getColumnIndex（ContactsContract. Contacts. DISPLAY_NAME））；
                textview. setText（name）；
            }
            break；
```
//而当返回标识码为 2 时,表示是从子 Activity 手动输入联系人名称返回,则从子 Activity 中提取出数据,直接赋给 textview 即可
```
        case REQUESTCODE2：
            if（resultcode ＝＝ RESULT_OK）{
                Uri uridata ＝ intent. getData（）；
                textview. setText（uridata. toString（））；
            }
            break；
        default：
            break；
        }
    }
}
```
ReturnValue_02_Activity. java 中的核心代码如下：
```
public class ReturnValue_02_Activity extends Activity {
    public void onCreate（Bundle savedInstanceState）{
        super. onCreate（savedInstanceState）；
        setContentView（R. layout. input）；
        final EditText edit ＝（EditText）findViewById（R. id. editText1）；
        Button input ＝（Button）findViewById（R. id. button1）；
```
//定义一个 Button 监听器,当点击之后,将 EditText 的内容赋给 Intent 的内容里,然后将 result 的状态设置为 RESULT_OK,最后结束本 Activity
```
        input. setOnClickListener（new OnClickListener（）{
            public void onClick（View v）{
```

```
            String editcontent = edit.getText().toString();
            Uri data = Uri.parse(editcontent);
            Intent result = new Intent(null,data);
            setResult(RESULT_OK, result);
            finish();
        }
    });
  }
}
```

AndroidManifest.xml 中的代码如下：

```
<? xml version = "1.0" encoding = "utf - 8"? >
< manifest xmlns:android = "http://schemas.android.com/apk/res/android"
   package = "edu.hrbeu.ReturnValue"
   android:versionCode = "1"
   android:versionName = "1.0" >
   < uses - sdk android:minSdkVersion = "10" / >
   < application
     android:icon = "@ drawable/ic_launcher"
     android:label = "@ string/app_name" >
     < activity
       android:label = "@ string/app_name"
       android:name = ".ReturnValue_01_Activity" >
       < intent - filter >
         < action android:name = "android.intent.action.MAIN" / >
         < category android:name = "android.intent.category.LAUNCHER" / >
       </ intent - filter >
     </ activity >
     //声明新的 Activity
     < activity android:name = ".ReturnValue_02_Activity" > </ activity >
   </ application >
< uses - permission android:name = "android.permission.READ_CONTANTS"/ >
</ manifest >
```

7.6　Activity 之间切换的动画效果

在默认情况下，两个 Activity 之间的切换是直接显示另一个 Activity。为了使应用程序看起来更加友好，可以在 Activity 之间切换时加上动画效果。

在介绍切换动画效果之前,先介绍将要使用到的 Android SDK 提供的工具类。AlphaAnimation 控制动画对象的透明度,淡入淡出效果实现;TranslateAnimation 控制动画对象的位置,实现对象位置的移动动画;Animation 是动画抽象类;AnimationUtils 提供了动画的一些常用方法。

如果在 startActivity (Intent)或 finish( )后调用 overridePendingTransition (int enterAnim, int exitAnim)方法,并指定显示和关闭 Activity 的动画效果,就会以动画方式显示和关闭 Activity。overridePendingTransition(int enterAnim, int exitAnim)方法有两个参数,都是动画资源 ID。其中 enterAnim 表示显示转向 Activity 时的动画,exitAnim 表示即将离开 Activity 时的动画。

动画资源是保存在 res/anim 目录中的 XML 动画文件。系统默认有一些 XML 动画文件,常用的系统默认动画效果如表 7.1 所示。

表 7.1　常用的系统默认动画效果

默认动画方法	实现效果
overridePendingTransition(android. R. anim. fade_in, android. R. anim. fade_out);	淡入淡出
overridePendingTransition(android. R. anim. slide_in_left, android. R. anim. slide_out_right);	由左向右滑入

Ch07_07_Transition 工程是实现自定义一个动画的具体实例,如图 7.14 所示。

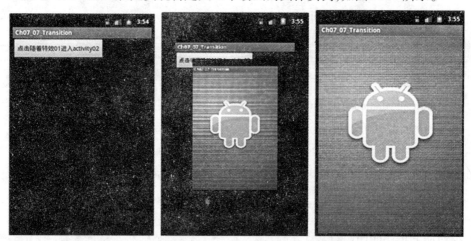

图 7.14　自定义一个动画结果显示界面

在新建的 XML 文件中(res/anim/assist_in. xml)的代码如下(如果没有 anim 文件夹,则在 res 下创建该文件夹):

```
< ? xml version = "1.0" encoding = "utf – 8"? >
< set xmlns:android = "http://schemas. android. com/apk/res/android" >
    < scale
      android:duration = "100"
      android:pivotX = "50.0% "
      android:pivotY = "50.0% "
```

```
        android:startOffset = "150"

        android:fromXScale = "0.6"

        android:toXScale = "1.0"

        android:fromYScale = "0.6"

        android:toYScale = "1.0" / >
```

</set >

在新建的 XML 文件中(res/anim/assist_ out. xml)的代码如下:

```
<? xml version = "1.0" encoding = "utf - 8"? >

< set xmlns:android = "http://schemas. android. com/apk/res/android" >

    < scale

    android:duration = "200"

    android:pivotX = "50.0% "

    android:pivotY = "50.0% "

    android:fromXScale = "1.0"

    android:toXScale = "0.8"

    android:fromYScale = "1.0"

    android:toYScale = "0.8" / >
```

</set >

在新建的 XML 文件中,具体代码解释如下:

android:duration = "100",是动画持续时间为 100 ms,如果需要动画持续 1 s 则需要将其设置为 1 000;android:pivotX = "50.0% " 和 android:pivotY = "50.0% ",是动画进行时 X 轴和 Y 轴位于屏幕的位置是屏幕的中间,如果需要动画 X 轴为屏幕的最左端可以修改为 0.0% ;android:startOffset = "150",是在保持动画开始前的画面 150 ms 后再进行过渡动画;android:fromXScale = "0.6" 和 android:toXScale = "1.0",表示在 X 轴上,画面先从整个屏幕的 60% 过渡到 100% ; android:fromYScale = "0.6" 和 android:toYScale = "1.0",表示在 Y 轴上,画面也先从整个屏幕的 60% 过渡到 100% 。

Activity 过渡动画绝不仅仅限于改变图像大小和位置,它还可以用透明度的改变来实现淡入淡出等动画效果。

在 XML 文件中(res/layout/main. xml)的代码如下:

```
<? xml version = "1.0" encoding = "utf - 8"? >

< LinearLayout xmlns:android = "http://schemas. android. com/apk/res/android"

    android:layout_width = "fill_parent"

    android:layout_height = "fill_parent"

    android:orientation = "vertical" >

    < Button

        android:id = "@ + id/button1"

        android:layout_width = "wrap_content"
```

```
        android:layout_height = "wrap_content"
        android:text = "点击随着特效 01 进入 activity02" / >
    </LinearLayout >
```

将图片 pic01. png 粘贴至 res/drawable - hdpi,则新建的 XML 文件中(res/layout/main02. xml)的代码如下:

```
    < ? xml version = "1.0" encoding = "UTF - 8" ? >
    < LinearLayout
        xmlns:android = "http://schemas. android. com/apk/res/android"
        android:layout_width = "fill_parent"
        android:layout_height = "fill_parent"
        android:background = "@ drawable/pic01"
        android:padding = "5dip"
        android:orientation = "vertical"
        >
    </LinearLayout >
```

Transition_01_Activity. java 中的核心代码如下:

```
public class Transition_01_Activity extends Activity {
    public void onCreate( Bundle savedInstanceState) {
        super. onCreate( savedInstanceState) ;
        setContentView( R. layout. main) ;
        Button button01 = ( Button) findViewById( R. id. button1) ;
        button01. setOnClickListener( new OnClickListener( ) {
            public void onClick( View v) {
                Intent Intent01 = new Intent( Transition_01_Activity. this, Transition_02_Activity.
class) ;
                startActivity( Intent01) ;
    //实现切换的过渡动画,这是整个程序的核心功能
                overridePendingTransition( R. anim. assist_in, R. anim. assist_out) ;
            }
        }) ;
    }
}
```

Transition_02_Activity. java 中的核心代码如下:

```
public class Transition_02_Activity extends Activity {
    public void onCreate( Bundle savedInstanceState) {
        super. onCreate( savedInstanceState) ;
        setContentView( R. layout. main02) ;
```

```
        }
    }
```

最终需要在 AndroidManifest. xml 文件中声明新建的 Activity,否则在程序编译时不会出错,但是在程序执行时会强制关闭。

Android 系统在 2.0 及之后的版本上添加了 overridePendingTransition (int enterAnim, int exitAnim)方法,所以才有过渡动画特效,所以需要在 AndroidManifest. xml 里的 User SDK 设置为 8 或更高,如果声明为更低版本或在更低版本的 Android 系统上运行将不会出现动画效果。

习　　题

1. 简述 Activity 和 Intent 之间的关系。

2. 结合前几章的学习,设计实现一个登录后可开启新的 Activity 的实例,并且当用户关闭新开启的 Activity 后,会有数据传递给主界面。

第8章

Service

学习目标：
▶ 了解 Service 的生命周期
▶ 掌握 Service 的创建和使用
▶ 了解远程 Service

Service 是 Android 的一个在后台运行的服务程序,适用于开发无界面和长时间运行的应用功能。通过本章的学习可以使读者对 Android 平台下的 Service 的生命周期、Service 的创建和使用以及远程 Service 有所掌握。

8.1 Service 的生命周期

Service 是一个在后台运行的服务程序,与 Activity 相比,Service 不提供显示界面作为和用户交互的接口。在使用手机时,经常会一边听音乐,一边做其他的事情,在听音乐时,并不需要任何的交互界面,这里就需要使用 Service。通过启动一个 Service,可以在不显示界面的前提下在后台运行指定的任务,这样可以不影响用户做其他事情。通过接口定义语言(Android Interface Definition Language, AIDL)服务可以实现不同进程之间的通信。Service 默认是运行在应用的主线程中的,如果需要在 Service 中做耗时操作,需要在 Service 中启动线程来处理。

Service 不能独立运行,需要通过一个 Activity 或者其他 Context 对象来调用,通过调用 startService(Intent)和 bindService (Intent, ServiceConnection, int)方法来启动一个服务。

通过 startService(Intent)方法时,Service 会经过 onCreate( )→onStartCommand( )方法启动,通过 stopService(Intent service)方法或者 Service. StopSelfResult(int StartId)方法时,Service 直接调用 onDestroy( )方法停止。如果是服务链接自己直接退出而没有调用 stopService(Intent service)方法,Service 会一直在后台运行,下次启动时可以调用 stopService(Intent service)方法。

通过 bindService(Intent, ServiceConnection, int)方法时,如果 Service 没有被创建,Service 会先调用 onCreate( )→onBind(Intent)方法,多个服务链接可以绑定到一个 Service 中,当执行 unbindService(ServiceConnection)方法时,Service 就会调用 onUnbind( )→onDestroy( ),当然如果还有其他服务链接绑定了该 Service,则不会调用 onDestroy( )方法。所谓的绑定就是 Service 和调用共存亡,并且这种方式还可以使服务的调用方调用服务上的其他方法。

两种启动服务方式的生命周期如图 8.1 所示。

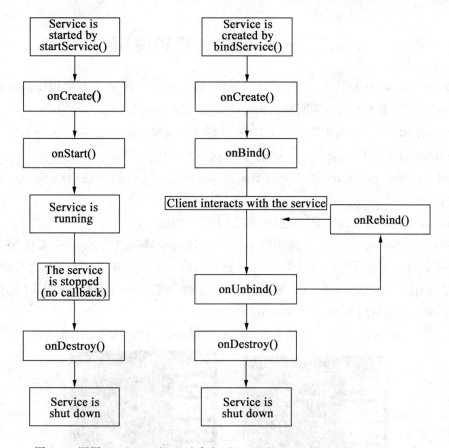

图 8.1   调用 startService(Intent)和 bindService(Intent, ServiceConnection, int)
方法来启动一个服务的生命周期

使用以上方法调用 Service 时需要注意的是:

①在调用 bindService(Intent, ServiceConnection, int)方法绑定到 Service 的时候,应保证在某处调用 unbindService(ServiceConnection)方法解除绑定。

②使用 startService(Intent)方法启动服务之后,一定要使用 stopService(Intent service)方法停止服务,不管是否使用 bindService(Intent, ServiceConnection, int)方法。

③同时使用 startService(Intent)与 bindService(Intent, ServiceConnection, int)方法时,要注意需要同时调用 unbindService(ServiceConnection)方法和 stopService(Intent service)方法来终止 Service。如果先调用 unbindService(ServiceConnection)方法此时服务不会自动终止,再调用 stopService(Intent service)方法之后服务才会停止,如果先调用 stopService(Intent service)方法此时服务也不会终止,而再调用 unbindService(ServiceConnection)方法或者之前调用 bindService(Intent, ServiceConnection, int)方法的 Context 不存在了,之后服务才会自动停止。

④当手机屏幕在"横"和"竖"变换时,如果 Activity 自动旋转,旋转其实是 Activity 的重新创建,因此旋转之前使用 bindService(Intent, ServiceConnection, int)方法建立的连接便会断开(Context 不存在了),对应服务的生命周期与上述相同。

⑤Android 系统在 2.0 及之后的版本中,对应的 onStart()方法已经被否决变为了 onStartCommand()方法,不过之前的 onStart()方法仍然有效。

8.2　Service 的创建和使用

创建一个 Service 比较简单,只要定义一个类继承 Service,覆盖该类中相应的方法即可。Service 中定义了一系列和自身声明周期相关的方法,这些方法有:

①onBind(Intent)是必须实现的一个方法,返回一个绑定的接口给 Service。

②onCreate( )是当 Service 第一次被创建时,由系统调用。

③onStart(Intent intent,int startId)是当通过 startService(Intent)方法启动 Service 时,该方法被调用。

④onDestory( )是当 Service 不再使用,系统调用该方法。

创建好一个 Service 之后就可以在其他组件的代码中调用这个 Service 来使用它,使用 startService(Intent)方法可以启动一个 Service,这和启动一个 Activity 非常相似,也是传递一个 Intent。如果当前没有指定的 Service 被创建,则该方法会调用 Service 的 onCreate( )方法来创建一个 Service,否则调用 Service 的 onStart( )方法。

Ch08_01_TestService 工程是实现了 Service 的创建和使用的实例,如图 8.2 所示。

图 8.2　Service 的创建和使用显示界面

在 XML 文件中(res/layout/main. xml)的代码如下:

```
<? xml version = "1.0" encoding = "utf - 8"? >
<LinearLayout xmlns:android = "http://schemas. android. com/apk/res/android"
    android:layout_width = "fill_parent"
    android:layout_height = "fill_parent"
    android:orientation = "vertical"  >
    <Button
        android:id = "@ + id/startButton01"
        android:layout_width = "wrap_content"
        android:layout_height = "wrap_content"
```

```
            android:text = "启动 Service"  >
        </Button >
        < Button
            android:id = "@ + id/stopButton02"
            android:layout_width = "wrap_content"
            android:layout_height = "wrap_content"
            android:text = "停止 Service"  >
        </Button >
        < Button
            android:id = "@ + id/bindButton03"
            android:layout_width = "wrap_content"
            android:layout_height = "wrap_content"
            android:text = "绑定 Service"  >
        </Button >
        < Button
            android:id = "@ + id/unbindButton04"
            android:layout_width = "wrap_content"
            android:layout_height = "wrap_content"
            android:text = "解除绑定"  >
        </Button >
    </LinearLayout >
```

TestServiceService. java 中的核心代码如下：

```
public class TestServiceService extends Service {
    //重写其生命周期中的方法,使用 Toast 在界面输出信息
    public IBinder onBind(Intent intent) {
        Toast. makeText(TestServiceService. this, "onBind!", Toast. LENGTH_SHORT). show
();
        return null;
    }
    // Service 创建时调用
    public void onCreate() {
        Toast. makeText(TestServiceService. this, "onCreate!", Toast. LENGTH_SHORT)
        . show();
    }
    // 当客户端调用 startService()方法启动 Service 时,该方法被调用
    public void onStart(Intent intent, int startId) {
        Toast. makeText(TestServiceService. this, "onStart!", Toast. LENGTH_SHORT). show
```

```
( );
    }
    // 当 Service 不再使用时调用
    public void onDestroy( ) {
        Toast. makeText( TestServiceService. this, "onDestroy!", Toast. LENGTH_SHORT)
        . show( );
    }
}
```

TestServiceActivity. java 中的核心代码如下:

```
public class TestServiceActivity extends Activity {
    // 声明 Button
    private Button startBtn, stopBtn, bindBtn, unbindBtn;
    @ Override
    public void onCreate( Bundle savedInstanceState) {
        super. onCreate( savedInstanceState) ;
        setContentView( R. layout. main) ;
        // 实例化 Button
        findView( ) ;
        // 设置监听器
        setListener( ) ;
    }
    private void setListener( ) {
        startBtn. setOnClickListener( startListener) ;
        stopBtn. setOnClickListener( stopListener) ;
        bindBtn. setOnClickListener( bindListener) ;
        unbindBtn. setOnClickListener( unBindListener) ;
    }
    private void findView( ) {
        startBtn = ( Button) findViewById( R. id. startButton01) ;
        stopBtn = ( Button) findViewById( R. id. stopButton02) ;
        bindBtn = ( Button) findViewById( R. id. bindButton03) ;
        unbindBtn = ( Button) findViewById( R. id. unbindButton04) ;
    }
    // 启动 Service 监听器
    private OnClickListener startListener = new OnClickListener( ) {
        @ Override
        public void onClick( View v) {
```

```
        // 创建 Intent
        Intent intent = new Intent();
        // 设置 Action 属性
        intent.setAction("edu.hrbeu.testService.action.MY_SERVICE");
        // 启动该 Service,Service 会持续运行,直到调用 stopService()或 stopSelf()方法
        startService(intent);
    }
};
// 停止 Service 监听器
private OnClickListener stopListener = new OnClickListener() {
    @Override
    public void onClick(View v) {
        // 创建 Intent
        Intent intent = new Intent();
        // 设置 Action 属性
        intent.setAction("edu.hrbeu.testService.action.MY_SERVICE");
        stopService(intent);
    }
};
// 连接对象
private ServiceConnection conn = new ServiceConnection() {
    @Override
    //连接时调用
    public void onServiceConnected(ComponentName name, IBinder service) {
        Log.i("SERVICE", "连接成功!");
        Toast.makeText(TestServiceActivity.this, "连接成功!",
            Toast.LENGTH_SHORT).show();
    }
    @Override
    //连接断开时调用
    public void onServiceDisconnected(ComponentName name) {
        Log.i("SERVICE", "断开连接!");
        Toast.makeText(TestServiceActivity.this, "断开连接!",
            Toast.LENGTH_SHORT).show();
    }
};
// 绑定 Service 监听器
```

```java
private OnClickListener bindListener = new OnClickListener() {
    @Override
    public void onClick(View v) {
        // 创建 Intent
        Intent intent = new Intent();
        // 设置 Action 属性
        intent.setAction("edu.hrbeu.testService.action.MY_SERVICE");
```

// 绑定 Service,bindService(intent,conn,Service.BIND_ANTO_CREATE);需要三个参数,第一个参数是 Intent,第二个参数是 Service 对象,第三个参数是如何创建 Service,一般指定绑定时自动创建。bindService( ) 与 startService( ) 方法启动 Service 不同的是它不会调用 onStart( )方法而是调用 onBind( )返回客户端一个 IBinder 接口。绑定 Service 一般是用在远程 Service调用

```java
        bindService(intent, conn, Service.BIND_AUTO_CREATE);
    }
};
// 解除绑定 Service 监听器
private OnClickListener unBindListener = new OnClickListener() {
    @Override
    public void onClick(View v) {
        // 创建 Intent
        Intent intent = new Intent();
        // 设置 Action 属性
        intent.setAction("edu.hrbeu.testService.action.MY_SERVICE");
        // 解除绑定 Service
        unbindService(conn);
    }
};
}
```

Service 和一系列的 Intent 相关联,Service 的运行入口也需要在 AndroidManifest.xml 中配置。

AndroidManifest.xml 中的代码如下:

```xml
<?xml version="1.0" encoding="utf-8"?>
<manifest xmlns:android="http://schemas.android.com/apk/res/android"
    package="edu.hrbeu.testService"
    android:versionCode="1"
    android:versionName="1.0">
    <uses-sdk android:minSdkVersion="10" />
```

```
< application
    android:icon = "@ drawable/ic_launcher"
    android:label = "@ string/app_name"  >
  < activity
      android:label = "@ string/app_name"
      android:name = ". TestServiceActivity"  >
    < intent - filter  >
        < action android:name = "android. intent. action. MAIN" / >
        < category android:name = "android. intent. category. LAUNCHER" / >
    </ intent - filter >
  </ activity >
  //声明 Service
  < service android:name = "TestService"  >
  < intent - filter  >
      < action android:name = "edu. hrbeu. testService. action. MY_SERVICE" / >
    </ intent - filter >
  </ service >
</ application >
</ manifest >
```

8.3 远程 Service

在 Android 系统中,为了实现进程之间的这种互相通信采用了一种轻量级的方式远程进程调用(Remote Procedure Call, RPC)来完成进程之间的通信,通过 AIDL 来生成进程之间互相访问的代码。

假如要实现一个播放器的实例,需要在 Activity 中操作 Service 中的 MediaPlayer 对象,这就可以采用 AIDL 来实现。具体为:"把 Service 中针对 MediaPlayer 的操作封装成一个接口(. aidl 文件);Service 中建个子类实现接口的存根(stub)对象;并在 onBind(Intent)方法中返回这个 stub 对象;在 Activity 中使用绑定服务的方式连接 Service,但是不用 Intent 来传递信息,而是在 ServiceConnection 的 onServiceConnected(ComponentName name, IBinder service)方法里,获得 Service 中 stub 对象的客户端使用代理。通过操作 Activity 中的代理就可以达到操作 Service 中的 MediaPlayer 对象的目的。"

接口文件(. aidl 文件)放在和 Java 文件相同的包中,内容如下:

```
interface ServicePlayer {
    void play( int soundName) ;
    void pause( ) ;
    void stop( ) ;
```

…………

⎸

这样就可以把一个进程内的对象或方法给另一个程序使用,就好像另一个程序也拥有这些功能一样。

习　题

1. 简述 Service 的创建原理和使用过程。
2. 编程实现一个音乐播放器 Service 的实例。

第9章

Broadcast

学习目标：

➤ 了解 Broadcast 与 BroadcastReceiver

➤ 掌握系统 Broadcast 的使用

➤ 掌握自定义 Broadcast 的使用

广播(Broadcast)是由 Android 广播一个事件,然后由其他满足某一条件的应用程序接收并处理这个事件。通过本章的学习可以使读者对 Android 平台下的 Broadcast 与 BroadcastReceiver、系统 Broadcast 的使用以及自定义 Broadcast 的使用有所掌握。

9.1 Broadcast 与 BroadcastReceiver

在 Android 中,Broadcast 是一种广泛运用在应用程序之间传输信息的机制。它可以被用来广播如电源不足、信号不好等信息,而 BroadcastReceiver 是对发送出来的信息进行过滤接受并响应的一类组件。

在需要发送信息的地方,把信息和用于过滤的信息(如 Action 和 Category)装入一个 Intent 对象,然后通过调用 sendBroadcast(Intent)、sendOrderedBroadcast(Intent intent, String receiverPermission)或者 sendStickyBroadcast(Intent)方法,把 Intent 对象以广播方式发送出去。当 Intent 发送以后,所有已经注册的 BroadcastReceiver 会检查注册时的 Intent Filter 是否与发送的 Intent 相匹配,如果匹配则会调用 BroadcastReceiver 的 onReceive(Context, Intent)方法。所以当定义一个 BroadcastReceiver 的时候,都需要实现 onReceive(Context, Intent)方法。

9.1.1 Broadcast 的创建

在用户的应用程序组件中,创建 Broadcast 的 Intent,使用 sendBroadcast(Intent)、sendOrderBroadcast(Intent intent, String receiverPermission)或者 sendStickyBroadcast(Intent)方法发送出去。Intent Action 字符串用来标识要 Broadcast 的时间,因此,必须是唯一的标识事件字符串。通常 Action 字符串使用 Java 的样式来定义。

如果想在 Intent 中包含数据,可以使用 Intent 的 Data 属性来指定一个 URI,还可以包含 Extras 来增加额外的本地类型值。

9.1.2　BroadcastReceiver 监听 Broadcast

BroadcastReceiver 用于监听 Broadcast,为了激活一个 BroadcastReceiver,需要在代码中或者 AndroidManifest. xml 文件中注册。注册 BroadcastReceiver 有两种方式:一种是在 AndroidMani-fest. xml 中用 < receiver > 标签声明注册,并在标签内用 < intent – filter > 标签设置 Intent Filter。另一种方式是动态地在代码中先定义并设置好一个 Intent Filter 对象,然后在需要注册的地方调用 registerReceiver(BroadcastReceiver, IntentFilter)方法,如果取消时就调用 unregisterReceiv-er(BroadcastReceiver receiver)方法,则用动态方式注册的 BroadcastReceiver 的 Context 对象被销毁时,BroadcastReceiver 也就自动取消注册了。

另外,若在使用 sendBroadcast(Intent)方法是指定了接收权限,则只有在 AndroidManifest. xml 文件中用 < uses – permission > 标签声明拥有此权限的 BroascastReceiver 才会有可能接收到发送来的 Broadcast。同样,若在注册 BroadcastReceiver 时指定了可接收 Broadcast 的权限,则只有在包内的 AndroidManifest. xml 文件中用 < uses – permission > 标签声明了,拥有此权限的 Context 对象所发送的 Broadcast 才能被这个 BroadcastReceiver 所接收。

9.2　系统 Broadcast 的使用

Android 给许多系统服务 Broadcast。可以使用这些基于系统时间的消息来给应用增加功能,下面给出一些常用的 Intent 类中的 Action 常量。

①Intent. ACTION_AIRPLANE_MODE_CHANGED;是关闭或打开飞行模式时的广播。

②Intent. ACTION_BATTERY_LOW;是表示电池电量低。

③Intent. ACTION_BOOT_COMPLETED;是在系统启动完成后,被 Broadcast 一次(只有一次)。

④Intent. ACTION_CAMERA_BUTTON;是按下照相时的拍照按键(硬件按键)时发出的 Broadcast。

⑤Intent. ACTION_CLOSE_SYSTEM_DIALOGS;是当屏幕超时进行锁屏时,Android 系统都会 Broadcast 此 Action 消息。

⑥Intent. ACTION_CONFIGURATION_CHANGED;是设备当前设置被改变时发出的 Broad-cast。

⑦Intent. ACTION_DEVICE_STORAGE_LOW;是设备内存不足时发出的 Broadcast。

⑧Intent. ACTION_HEADSET_PLUG;是在耳机口上插入耳机时发出的 Broadcast。

⑨Intent. ACTION_INPUT_METHOD_CHANGED;是改变输入法时发出的 Broadcast。

⑩Intent. ACTION_LOCALE_CHANGED;是设备当前区域设置已更改时发出的 Broadcast。

⑪Intent. ACTION_MEDIA_BUTTON;是按下"Media Button"键时发出的 Broadcast。

⑫Intent. ACTION_MEDIA_CHECKING;是插入外部储存装置,如 SD 卡时,系统会检验 SD 卡,此时发出的 Broadcast。

⑬Intent. ACTION_PACKAGE_ADDED；是成功安装 APK 之后接收的 Broadcast。

⑭Intent. ACTION_PACKAGE_CHANGED；是一个存在的应用程序包已经改变接收的 Broadcast。

⑮Intent. ACTION_PACKAGE_INSTALL；是触发一个下载并且完成安装时发出的 Broadcast。

⑯Intent. ACTION_PACKAGE_REMOVED；是成功删除某个 APK 之后发出的 Broadcast。

Ch09_01_LocalBroadcast 工程是利用接收短信这一 Broadcast，系统接收到短信后在日志中输出提示信息，并将短信息通过 Toast 显示出来的实例，如图9.1 所示。当系统接收到短信时，就能在日志中看到信息，如图9.2 所示。

图9.1 系统 Broadcast 的使用显示界面

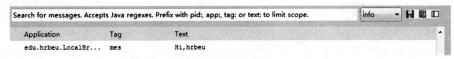

图9.2 日志信息显示界面

LocalBroadcastActivity. java 中的核心代码如下：

```
//继承于 BroadcastReceiver
public class LocalBroadcastActivity extends BroadcastReceiver {
  @ Override
  public void onReceive(Context context, Intent intent) {
    // 接收广播
    Object[] pduses = (Object[]) intent. getExtras(). get("pdus");
    for (Object pdus : pduses) {
      byte[] pdusSms = (byte[]) pdus;
      SmsMessage smsMessage = SmsMessage. createFromPdu(pdusSms);
      // 获得发短信手机
      String mobile = smsMessage. getOriginatingAddress();
      // 获得短信内容
      String content = smsMessage. getMessageBody();
      Toast. makeText(context, "来自" + mobile + "的短信:" + content,
        Toast. LENGTH_LONG). show();
      Log. i("mes", content);
    }
  }
}
```

Broadcast 的运行入口也需要在 AndroidManifest. xml 中配置，AndroidManifest. xml 中的代码如下：

```
<? xml version = "1.0" encoding = "utf-8"? >
<manifest xmlns:android = "http://schemas.android.com/apk/res/android"
   package = "edu.hrbeu.LocalBroadcast"
   android:versionCode = "1"
   android:versionName = "1.0" >
   <uses-sdk android:minSdkVersion = "10" />
   <application >
     <receiver
     android:label = "@string/app_name"
     android:name = ".LocalBroadcast" >
       <intent-filter >
         <action android:name = "android.provider.Telephony.SMS_RECEIVED" />
         <category android:name = "android.intent.category.LAUNCHER" />
       </intent-filter >
     </receiver >
   </application >
<uses-permission android:name = "android.permission.RECEIVE_SMS" />
<! -- 接收短信权限 -->
<uses-permission android:name = "android.permission.SEND_SMS" />
<! -- 发送短信权限 -->
<uses-permission android:name = "android.permission.READ_SMS" />
</manifest >
```

9.3　自定义 Broadcast 的使用

Ch09_02_MyBroadcast 工程是自定义的一个 Broadcast,通过 sendBoradcast(Intent)方法发送出去,并且定义一个 Broadcast 接收器,用来接收 Broadcast 发送出的信息实例,如图9.3 所示。

在 XML 文件中(res/layout/main.xml)的代码如下:

```
<? xml version = "1.0" encoding = "utf-8"? >
<LinearLayout xmlns:android = "http://schemas.android.com/apk/res/android"
     android:layout_width = "fill_parent"
     android:layout_height = "fill_parent"
     android:orientation = "vertical" >
```

图9.3　自定义 Broadcast 的使用显示界面

```
< Button
    android:id = "@ + id/Button"
    android:layout_width = "wrap_content"
    android:layout_height = "wrap_content"
    android:text = "发送广播" / >
</LinearLayout >
```

MyBroadcastActivity. java 中的核心代码如下:

```
public class MyBroadcastActivity extends Activity {
    // 定义一个 Action 常量
private static final String MY_ACTION = "edu. hrbeu. MyBroadcast. action. MY_ACTION";
    // 定义一个 Button 对象,用来发送 Broadcast
    private Button btn;
    @ Override
    public void onCreate( Bundle savedInstanceState) {
        super. onCreate( savedInstanceState);
        setContentView( R. layout. main);
        btn = ( Button) findViewById( R. id. Button);
        // 为按钮设置单击监听器
        btn. setOnClickListener( new OnClickListener( ) {
            @ Override
            public void onClick( View v) {
                // 实例化 Intent 对象
                Intent intent = new Intent( );
                // 设置 Intent Action 属性
                intent. setAction( MY_ACTION);
                // 为 Intent 添加附加信息
                intent. putExtra( "name", "哈尔滨工程大学");
                intent. putExtra( "add", "南通大街 145 号");
                // 发出广播
                sendBroadcast( intent);
            }
        });
    }
}
```

MyBroadcastReceiver. java 中的核心代码如下:

```
public class MyBroadcastReceiver extends android. content. BroadcastReceiver {
    @ Override
```

```
public void onReceive(Context context, Intent intent) {
    String name = intent.getStringExtra("name");
    String add = intent.getStringExtra("add");
    Toast.makeText(context, "校名为:" + name + "\n 地址为:" + add,
        Toast.LENGTH_LONG).show();
    }
}
```

习　题

利用 BroadcastReceiver 和广播机制在代码中的使用方法,编程实现一个 BroadcastReceiver 的实例。

第10章

数据存储

学习目标:

➤ 掌握 SharedPreferences 存储

➤ 了解文件存储

➤ 掌握 SQLite 存储

➤ 掌握 ContentProvider

数据存储是将需要的数据保存,以便需要的时候提取。数据存储的方式宏观上有两种:本地存储和网络存储。通过本章的学习可以使读者对 Android 平台下的本地存储有一个系统的掌握,即 SharedPreferences 存储、文件存储、SQLite 存储以及 ContentProvider。

10.1 SharedPreferences 存储

SharedPreferences 可以帮助用户很快地保存一些数据项,并共享给当前应用程序或者其他应用程序。这样用户不必为将这类数据保存在哪里能更方便更高效而发愁了,给用户保存数据带来了很大的便利。

10.1.1 SharedPreferences 数据概述

(1)数据类型

SharedPreferences 是在 Android 平台下用来存储一些轻量级数据的,如:开机欢迎语、用户名、密码等。它位于 Acticity 级别,并可以被该应用程序的所有 Activity 共享。SharedPreferences支持的数据类型包括:布尔型(Boolean)、浮点型(Float)、整型(Int)、长整型(Long)、字符串(String)。

(2)数据位置

SharedPreferences 保存的数据都存储在 Android 文件系统目录中的/data/data / Package Name /shared_prefs 下的 XML 文件中(以 Ch10_01_SharedPreferences 工程中的 Content. xml 为例)。通过使用 DDMS 的文件浏览器可以查看并导出文件,如图 10.1 和图 10.2 所示。

(3)数据格式

在 SharedPreferences 存储中,数据都是以键－值对的方式保存,导出 Content. xml 文件后打开,是 SharedPreferences 的具体保存形式,如图 10.3 所示。

系统保存的 XML 文件在处理时,会由系统通过底层自带的本地 XML 解析器解析,这样对于内存资源的占用比较低,数据量小的时候读取效率较高。而这种存储方式的不足是只能存储轻量级的数据,一旦数据比较大的时候,效率会成为一个很大的难题。

Name	Size	Date	Time	Permissions	Info
⊿ 🗁 data		2011-12-26	08:44	drwxrwx--x	
▷ 🗁 anr		2011-12-26	08:44	drwxrwxr-x	
▷ 🗁 app		2011-12-26	11:38	drwxrwx--x	
▷ 🗁 app-private		2011-12-26	03:46	drwxrwx--x	
▷ 🗁 backup		2011-12-26	11:37	drwx------	
▷ 🗁 dalvik-cache		2011-12-26	11:38	drwxrwx--x	
▷ 🗁 data		2011-12-26	09:27	drwxrwx--x	
▷ 🗁 dontpanic		2011-12-26	03:46	drwxr-x---	
▷ 🗁 local		2011-12-26	03:46	drwxrwx--x	
▷ 🗁 lost+found		2011-12-26	03:46	drwxrwx---	
▷ 🗁 misc		2011-12-26	03:46	drwxrwx--t	
▷ 🗁 property		2011-12-26	03:50	drwx------	
▷ 🗁 secure		2011-12-26	03:48	drwx------	
▷ 🗁 system		2011-12-26	11:38	drwxrwxr-x	
▷ 🗁 mnt		2011-12-26	11:36	drwxrwxr-x	
▷ 🗁 system		2011-02-03	22:51	drwxr-xr-x	

图 10.1　文件浏览器中的文件层级目录

Name	Size	Date	Time	Permissions	Info
▷ 🗁 com.example.android.livecubes		2011-12-26	11:37	drwxr-x--x	
▷ 🗁 com.example.android.softkeyboarc		2011-12-26	11:37	drwxr-x--x	
▷ 🗁 com.svox.pico		2011-12-26	03:48	drwxr-x--x	
▷ 🗁 com.vanceinfo		2011-12-26	11:37	drwxr-x--x	
⊿ 🗁 edu.hrbeu.SharedPreferences		2011-12-26	11:38	drwxr-x--x	
▷ 🗁 lib		2011-12-26	11:38	drwxr-xr-x	
⊿ 🗁 shared_prefs		2011-12-26	09:45	drwxrwx--x	
📄 Content.xml	149	2011-12-26	09:45	-rw-rw----	
▷ 🗁 jp.co.omronsoft.openwnn		2011-12-26	11:39	drwxr-x--x	
▷ 🗁 dontpanic		2011-12-26	03:46	drwxr-x---	
▷ 🗁 local		2011-12-26	03:46	drwxrwx--x	
▷ 🗁 lost+found		2011-12-26	03:46	drwxrwx---	
▷ 🗁 misc		2011-12-26	03:46	drwxrwx--t	
▷ 🗁 property		2011-12-26	03:50	drwx------	
▷ 🗁 secure		2011-12-26	03:48	drwx------	
▷ 🗁 system		2011-12-26	11:38	drwxrwxr-x	

图 10.2　位于 data/data/edu. hrbeu. SharedPreferences/shared_prefs/下的 Content. xml 文件

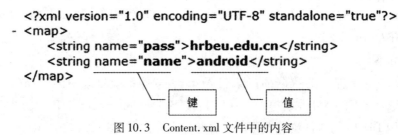

图 10.3　Content. xml 文件中的内容

10.1.2　SharedPreferences 保存数据

使用 SharedPreferences 保存数据要经过四个步骤:获取对象、创建编辑器、修改内容、提交修改。

（1）获取 SharedPreferences 对象

通过 getSharedPreferences()方法获取一个 SharedPreferences 对象,以方便对其进行相关操作,方法如下:

getSharedPreferences("Content"，Context. MODE_PRIVATE)；

第一个参数是保存的 SharedPreferences 的名称;第二个参数是这个 SharedPreferences 的应用模式,Context. MODE_PRIVATE 是私有模式,这种模式代表该文件是私有数据,只能被应用本身访问。在该模式下,写入的内容会覆盖原文件的内容。此外,还有三种模式可供使用,Context. MODE_APPEND 是系统会检查该文件是否存在。如果存在就向文件中追加内容,否则就创建一个新的文件以供保存;MODE_WORLD_READABLE 是当前文件可以被其他应用读取;MODE_WORLD_WRITEABLE 是当前文件可以被其他应用写入。

（2）创建编辑器

在 SharedPreferences 中要编辑信息,必须得到一个编辑器,也就是 Editor。Editor 对象的作用是提供一些方法以便用户修改 XML 文件中的内容,如:添加字符串或整数等。方法如下:

SharedPreferences. edit()；

通过使用简单的 SharedPreferences. edit()方法就可以得到一个 editor 对象。接下来就可以使用这个对象去操作数据了。

（3）修改内容

向 XML 文件添加内容,需要使用 putString()方法,这个方法是向 XML 文件中添加一个节点。SharedPreferences 根据方法名创建一个 < String > < /String > 节点,根据这个方法的参数向节点中添加内容。方法如下:

putString("String"，data)；

第一个参数是“键”,第二个参数是“值”。添加内容 Editor 操作的一些重要方法及说明如表 10.1 所示。

表 10.1　添加内容 Editor 操作的方法及说明

方法名称	功能说明
SharedPreferences. Editor. putString()	向 SharedPreferences 中添加 String 类型数据
SharedPreferences. Editor. putBoolean()	向 SharedPreferences 中添加 boolean 类型数据
SharedPreferences. Editor. putFloat()	向 SharedPreferences 中添加 float 类型数据
SharedPreferences. Editor. putInt()	向 SharedPreferences 中添加 int 类型数据
SharedPreferences. Editor. putLong()	向 SharedPreferences 中添加 long 类型数据

另外还可以使用 SharedPreferences. Editor. clear()来清除所有的首选项,使用 SharedPreferences. Editor. remove()来移除指定的首选项。

（4）提交修改

将数据修改好之后,也就是 putString()或其他 put()方法执行完后,要将这个修改提交给 SharedPreferences,以通知其将内容写入到 XML 文件中。使用的方法如下:

editor. commit()；

值得注意的是如果不提交,Android 是不会进行任何读写操作的。

10.1.3   SharedPreferences 读取数据

数据提交之后,需要两个步骤可以读取保存的数据并使用。

(1)获取 SharedPreferences 对象

同保存数据一样,要获取之前写入的数据,必须先获取一个需要操作的 SharedPreferences 对象,获取这个对象之后才能对相应的 SharedPreferences 进行操作。获取的方法如下:

getSharedPreferences("Content", Context.MODE_PRIVATE);

第一个参数是指定 SharedPreferences 名,也就是要操作的 SharedPreferences;第二个参数是模式名。

(2)取出内容

SharedPreferences 会从一个节点找到该节点中的内容并返回给用户,只要使用 getString()等方法就可以取出内容。取出内容 Editor 操作的一些重要方法及说明如表 10.2 所示。

表 10.2   取出内容 Editor 操作的方法及说明

方法名称	功能说明
SharedPreferences.getString()	向 SharedPreferences 中取出 string 类型数据
SharedPreferences.getBoolean()	向 SharedPreferences 中取出 boolean 类型数据
SharedPreferences.getFloat()	向 SharedPreferences 中取出 float 类型数据
SharedPreferences.getInt()	向 SharedPreferences 中取出 int 类型数据
SharedPreferences.getLong()	向 SharedPreferences 中取出 long 类型数据

10.1.4   SharedPreferences 存储数据的使用

Ch10_01_SharedPreferences 工程是使用 SharedPreferences 存储数据操作的实例,如图 10.4 所示。当在编辑框中输入内容,单击"注册"按钮,会将数据保存到 Content.xml 中,提示注册成功,并清空编辑框。随后单击"登录"按钮,若登录成功,会从 Cntent.xml 中取出之前的数据并显示在编辑框中,提示登录成功。否则,会提示登录失败,请重新登录,并清空编辑框。

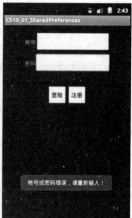

图 10.4   SharedPreferences 的使用显示界面

在 XML 文件中(res/layout/main. xml)的代码如下:

```
<? xmlversion = "1.0" encoding = "utf - 8"? >
<LinearLayoutxmlns:android = "http://schemas. android. com/apk/res/android"
android:layout_width = "fill_parent"
android:layout_height = "fill_parent"
android:orientation = "vertical"
android:layout_gravity = "center"
android:padding = "15dip" >
<TableRow
    android:layout_width = "fill_parent"
    android:layout_height = "wrap_content"
    android:padding = "2dip"
    android:stretchColumns = "2"
    android:gravity = "center"
>
<TextView
android:id = "@ + id/name"
android:layout_width = "wrap_content"
android:layout_height = "wrap_content"
android:text = "账号"/ >
<EditText
android:id = "@ + id/name_in"
android:layout_width = "280px"
android:layout_height = "wrap_content"
android:textSize = "18sp"
android:maxLength = "20"/ >
</TableRow >
<TableRow
    android:layout_width = "fill_parent"
    android:layout_height = "wrap_content"
    android:padding = "2dip"
    android:stretchColumns = "2"
    android:gravity = "center"
>
<TextView
android:id = "@ + id/password"
android:layout_width = "wrap_content"
```

```xml
android:layout_height = "wrap_content"
android:text = "密码"/ >
< EditText
android:id = "@ + id/pass_in"
android:layout_width = "280px"
android:layout_height = "wrap_content"
android:textSize = "18sp"
android:maxLength = "8"/ >
</TableRow >
< TableRow
  android:layout_width = "fill_parent"
  android:layout_height = "wrap_content"
  android:gravity = "center"
  android:padding = "30dip"
  >
< Button
android:id = "@ + id/login"
android:layout_width = "wrap_content"
android:layout_height = "wrap_content"
android:text = "登陆"/ >
< Button
android:id = "@ + id/reg"
android:layout_width = "wrap_content"
android:layout_height = "wrap_content"
android:text = "注册"/ >
</TableRow >
</LinearLayout >
```

SharedPreferencesActivity. java 中的核心代码如下：

```java
public class SharedPreferencesActivity extends Activity {
//声明登录按钮、注册按钮、帐号编辑框、密码编辑框
  private Button loginBtn = null;
  private Button regBtn = null;
  private EditText et1 = null;
  private EditText et2 = null;
  @ Override
public void onCreate( Bundle savedInstanceState)
  {
```

```
super. onCreate( savedInstanceState) ;
setContentView( R. layout. main) ;
    init_widget( ) ;
    add_reg_button_listener( ) ;
    add_entry_button_listener( ) ;
}
    //在注册按钮的事件响应中实现用户名和密码的保存功能
private void add_reg_button_listener( ) {
    // TODO Auto – generated method stub
    //设置注册按钮的监听事件
    regBtn. setOnClickListener( new OnClickListener( )
        {
            public void onClick( View arg0)
            {
    String name = et1. getText( ). toString( ) ;
    String pass = et2. getText( ). toString( ) ;
    //获得 SharedPreferences
SharedPreferences sp = getSharedPreferences( "Content", Context. MODE_PRIVATE) ;
            Editor editor = sp. edit( ) ;
            editor. putString( "name", name) ;
            editor. putString( "pass", pass) ;
            editor. commit( ) ;
        Toast. makeText( SharedPreferencesActivity. this, "注册成功!",
            Toast. LENGTH_LONG). show( ) ;
            et1. setText( "") ;
            et2. setText( "") ;
        }
    }) ;
}
    //在登录按钮的响应事件中读取保存在 SharedPreferences 中的内容,并将其显示在编
辑框中
    private void add_entry_button_listener( ) {
    // TODO Auto – generated method stub
loginBtn. setOnClickListener( new OnClickListener( )
        {
            public void onClick( View arg0) {
            //获得 SharedPreferences 对象
```

```
SharedPreferences sp = getSharedPreferences("Content", Context. MODE_PRIVATE);
        String name = sp. getString("name", "");
        String pass = sp. getString("pass", "");
String name1 = et1. getText(). toString();
String pass1 = et2. getText(). toString();
if( name1. equals( name) &&pass1. equals( pass)) {
        et1. setText( name);
        et2. setText( pass);
    Toast. makeText( SharedPreferencesActivity. this, "登录成功!",
        Toast. LENGTH_LONG). show();
        }
        else {
        et1. setText("");
        et2. setText("");
Toast. makeText( SharedPreferencesActivity. this, "帐号或密码错误,请重新输入!",
        Toast. LENGTH_LONG). show();
        }
        }
    });
    }
    private void init_widget() {
        // TODO Auto – generated method stub
loginBtn = ( Button) findViewById( R. id. login);
regBtn = ( Button) findViewById( R. id. reg);
et1 = ( EditText) findViewById( R. id. name_in);
et2 = ( EditText) findViewById( R. id. pass_in);
    }
}
```

10.2 文 件 存 储

使用 SharedPreferences 存储数据虽然方便,但是只适合存储比较简单的数据,这个时候使用文件存储会是一个很好的选择。

10.2.1 文件数据概述

(1)数据位置

文件保存的数据路径位于/data/data/edu. hrbeu. FileIO/files 下的 txt 文件中(以 Ch10_02_

FileIO 工程中的 myPassWord. txt 为例），如图 10.5 所示。

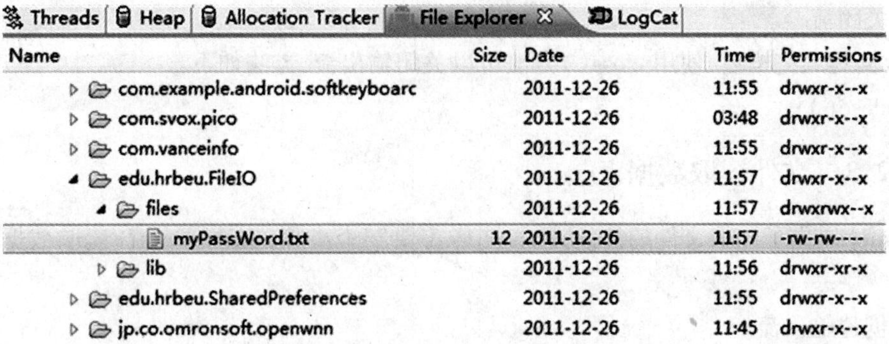

图 10.5　位于/data/data/edu. hrbeu. FileIO/files 下 myPassWord. txt 文件

（2）文件数据操作的一些方法

文件数据操作的一些重要的方法如表 10.3 所示。

表 10.3　文件数据操作的方法及说明

方法名称	功能说明
openFileInput( )	打开应用程序文件以便读取
openFileOutput( )	创建应用程序文件以便写入
deleteFile( )	通过名称删除文件
fileList( )	获得所有位于/data/data/ < package name >/files 下的文件列表
getFileDir( )	获得/data/data/ < package name >/files 子目录对象
getCacheDir( )	获得/data/data/ < package name >/cache 子目录对象
getDir( )	根据名称创建或获取一个子目录

10.2.2　文件保存数据

使用文件保存数据要通过使用流来完成，具体包括三个步骤：获取一个输出流对象，向流中写入数据，关闭流。

（1）获取一个输出流对象

要经过三个步骤：获取一个输出流对象，向流中写入数据，关闭流。

使用 openFileOutput( )方法可以很方便地获取一个输出流对象，方法如下：

openFileOutput("myFile. txt" , Context. MODE_PRIVATE) ;

第一个参数是需要创建的文件名；第二个参数是模式。

Android 中使用 openFileOutput( )方法不需要指定路径，系统会使用默认路径，也就是/data/data/ < Package Name >/files 来保存文件。如果在第一个参数中加入了路径，程序反而会出现异常。

（2）向流中写入数据

获取了输出流之后需要使用 write( )方法向流中添加相关信息，方法如下：

write(data. getBytes( )) ;

参数是获取的输出流属于字节流,它只能按字节写入,也就是每次只写入一个字节。

(3)关闭流

当数据写入完毕后,使用 close() 方法可以关闭输出流,方法如下:

fos. close();

10.2.3　文件读取数据

Android 提供了读取文件的简便方法,同样需要三个步骤:创建输入流,读取数据,关闭输入流。

(1)创建输入流

创建输入流的方法如下:

FileInputStream fis;

InputStreamReader isr;

BufferedReader br;

fis = openFileInput("myFile");

isr = new InputStreamReader(fis);

br = new BufferedReader(isr);

这里为了将读取出来的内容保存在 Stirng 中,我们对 FileInputStream 进行了包装。其实只有一个目的:获得可以直接读取 String 的输入流。

其中,fis = openFileInput("myFile");是得到了一个输入字节流,参数是文件名;isr = new InputStreamReader(fis);是将其转换为字符流,这样可以一个字符一个字符地读取以便显示中文;br = new BufferedReader(isr);是将其包装为缓冲流,这样可以一段一段地读取,减少读写的次数,保护硬盘。

(2)读取数据

从流中获取数据同样非常方便,使用 readLine() 方法,代码如下:

String s = null;

s = (br. readLine());

readLine()方法可以一行一行地读取数据,使用非常方便。

(3)关闭输入流

fis. close();

isr. close();

br. close();

每次使用完流之后,及时将其关闭以保证程序的正常稳定运行。

10.2.4　文件存储数据的使用

Ch10_02_FileIO 工程是使用文件存储数据操作的实例,如图 10.6 所示。为了便于学习,依然使用 Ch10_01_SharedPreferences 工程实例中的 XML 布局,实现了同样的功能,只是修改其中的 onClick() 方法,将保存和读取数据的方法改为通过文件保存和读取。

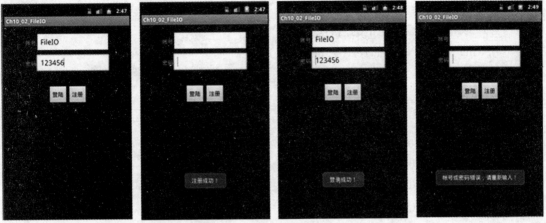

图 10.6 文件的使用显示界面

FileIOActivity. java 中的核心代码如下：

```
public class FileIOActivity extends Activity {
    private Button loginBtn = null;
    private Button regBtn = null;
    private EditText et1 = null;
    private EditText et2 = null;
    String PASS = "myPassWord. txt";
@ Override
publicvoid onCreate( Bundle savedInstanceState) {
super. onCreate( savedInstanceState);
setContentView( R. layout. main);
    init_widget();
    add_reg_button_listener();
    add_entry_button_listener();
    }
```

//在注册按钮的响应事件中实现保存功能,实现的过程其实并不复杂,注意要使用 try {…} catch( ) {…}语句包裹文件流操作,以捕获异常。

```
    private void add_reg_button_listener( ) {/
        // TODO Auto – generated method stub
    regBtn. setOnClickListener( new OnClickListener( )
        {
        @ Override
        publicvoid onClick( View arg0)
        {
        //取得帐号编辑框中的内容
```

```
            String name = et1.getText().toString();
            //取得密码编辑框中的内容
            String pass = et2.getText().toString();
              String enter = "\r\n";
              try
              {
FileOutputStream fos = openFileOutput(PASS, Context.MODE_PRIVATE);
                fos.write(name.getBytes());
                fos.write(enter.getBytes());
                fos.write(pass.getBytes());
                fos.close();
                Toast.makeText(FileIOActivity.this, "注册成功!",
                  Toast.LENGTH_LONG).show();
                et1.setText("");
                et2.setText("");
              }
              catch (Exception e)
              {
                e.printStackTrace();
              }
          }
      });
      }
```

//在登录按钮的响应事件中实现读取功能,同样使用 try{…}catch(){…}语句包裹文件流操作,以捕获异常

```
    private void add_entry_button_listener() {
      // TODO Auto-generated method stub
    loginBtn.setOnClickListener(new OnClickListener()
      {
      @Override
      publicvoid onClick(View arg0)
      {
        FileInputStream fis;
        InputStreamReader isr;
        BufferedReader br;
        try
        {
```

```
    //获得文件字节输入流
        fis = openFileInput(PASS);
        isr = new InputStreamReader(fis);
    br = new BufferedReader(isr);
        String n = "";
        String s = "";
String name1 = et1.getText().toString();
String pass1 = et2.getText().toString();
        n = (br.readLine());
        s = (br.readLine());
        if(name1.equals(n)&&pass1.equals(s)){
            et1.setText(n);
            et2.setText(s);
            Toast.makeText(FileIOActivity.this,"登录成功!",
                Toast.LENGTH_LONG).show();
        }
        else{
            et1.setText("");
            et2.setText("");
Toast.makeText(FileIOActivity.this,"帐号或密码错误,请重新输入!",
                Toast.LENGTH_LONG).show();
        }
        fis.close();
        isr.close();
        br.close();
    }
    catch(Exception e)
    {
    e.printStackTrace();
    }
    }
    });
}


    private void init_widget(){
        // TODO Auto-generated method stub
loginBtn = (Button)findViewById(R.id.login);
```

```
regBtn = (Button) findViewById(R.id.reg);
et1 = (EditText) findViewById(R.id.name_in);
et2 = (EditText) findViewById(R.id.pass_in);
    }
}
```

10.3 SQLite 存储

为了满足应用程序中对数据进行增、删、查、改的需求，Android 通过 SQLite 数据库来实现结构化数据存储。

10.3.1 SQLite 数据概述

(1)数据位置

SQLite 保存的数据路径位于/data/data/edu.hrbeu.SQLite/databases 下的 txt 文件中(以 Ch10_03_ SQLite 工程中的 user_manager.txt 为例),如图 10.7 所示。

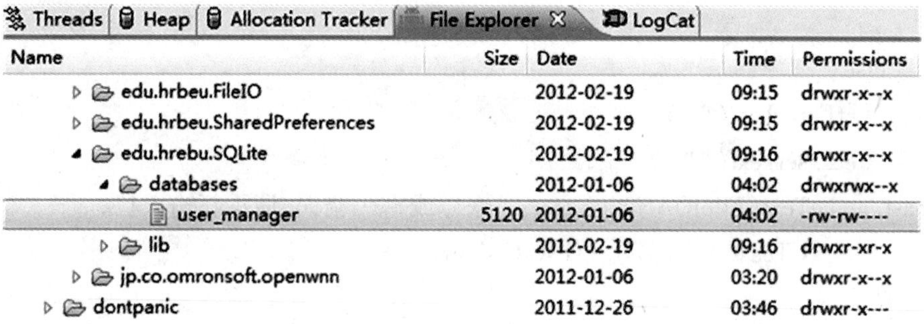

Threads | Heap | Allocation Tracker | File Explorer | LogCat
Name Size Date Time Permissions
edu.hrbeu.FileIO 2012-02-19 09:15 drwxr-x--x
edu.hrbeu.SharedPreferences 2012-02-19 09:15 drwxr-x--x
edu.hrebu.SQLite 2012-02-19 09:16 drwxr-x--x
databases 2012-01-06 04:02 drwxrwx--x
user_manager 5120 2012-01-06 04:02 -rw-rw----
lib 2012-02-19 09:16 drwxr-xr-x
jp.co.omronsoft.openwnn 2012-01-06 03:20 drwxr-x--x
dontpanic 2011-12-26 03:46 drwxr-x---

图 10.7 位于/data/data/edu.hrbeu.SQLite/databases 下 user_manager.txt 文件

(2)SQLite 数据操作的一些方法

Android 提供了创建和使用 SQLite 数据库的 API。在 Android 的 SDK 目录下有 sqlite3 工具，可以利用它创建数据库、创建表和执行一些 SQL 语句。操作 SQLite 的常用方法如表 10.4 所示。

表 10.4 SQLite 数据操作的方法及说明

方法名称	功能说明
openOrCreateDatabase(String path,SQLiteDatabase.CursorFactory factory)	打开或创建数据库
insert(String table,String nullColumnHack,ContentValues values)	添加一条记录
delete(String table,String whereClause,String[] whereArgs)	删除一条记录
query(String table,String[] columns,String selection,String[] selectionArgs,String groupBy,String having,String orderBy)	查询一条记录
update(String table,ContentValues values,String whereClause,String[] whereArgs)	修改记录
execSQL(String sql)	执行一条 SQL 语句
close()	关闭数据库

10.3.2　SQLiteDatabase 的实例

一个 SQLiteDatabase 的实例代表了一个 SQLite 的数据库,通过 SQLiteDatabase 实例的一些方法,可以执行 SQL 语句,对数据库进行增、删、查、改操作。

(1)打开和创建数据库

使用 SQLiteDatabase 的静态方法可以打开或者创建一个数据库,方法如下:

openOrCreateDatabase(String path,SQLiteDatabae. CursorFactory factory)

第一个参数是数据库的创建路径,这个路径一定是数据库的全路径;第二个参数是指定返回一个 Cursor 子类的工厂,如果没有指定 null 则使用默认工厂。

(2)创建表

首先编写创建表的 SQL 语句,然后调用 SQLiteDatabase 的 execSQL( )方法便可以创建一张表。

(3)插入数据

插入数据有两种方法:

一种是调用 SQLiteDatabase 的方法插入数据,方法如下:

insert(String table,String nullColumnHack,ContentValues values)

第一个参数是表的名称;第二个参数是空列的默认值;第三个参数是 ContentValues 类型的键 – 值对。

另外一种是编写插入数据的 SQL 语句,直接调用 SQLiteDatabase 的 execSQL( )方法来执行插入。

(4)删除数据

和插入数据类似,删除数据也有两种方法,一种是调用 SQLiteDatabase 的方法删除数据,方法如下:

delete(String table,String whereClause,String[ ] whereArgs)

第一个参数是表的名称,第二个参数是删除条件,第三个参数是删除条件值数组。

另外一种是编写删除 SQL 语句,调用 SQLiteDatabase 的 execSQL( )方法来执行删除。

(5)查询数据

查询数据是通过查询 SQL 封装成的方法来进行的。查询方法如下:

public Cursor query(String table,String[ ] columns,String selection,String[ ] selectionArgs, String groupBy,String having,String orderBy,String limit);

其中参数 table 是表的名称;columns 是列名称数组;selection 是条件字句,相当于 where; selectionArgs 是条件字句,参数数组;groupBy 是分组列;having 是分组条件;orderBy 是排序列; limit 是分页查询限制。

对于 Cursor 是返回值,相当于结果集 ResultSet,Cursor 是一个游标接口,提供了遍历查询结果的方法,如移动指针方法 move( )、获得列值方法 getString( )等。

Cursor 游标常用方法如表 10.5 所示。

表 10.5　Cursor 游标的常用方法及说明

方法名称	功能说明
getCount( )	总记录条数
isFirst( )	判断是否第一条记录
isLast( )	判断是否最后一条记录
moveToFirst( )	移动到第一条记录
moveToLast( )	移动到最后一条记录
move(int offset)	移动到指定记录
moveToNext( )	移动到下一条记录
moveToPrevious( )	移动到上一条记录
getColumnIndexOrThrow(String columnName)	根据列名称获得列索引
getInt(int columnIndex)	获得指定列索引的 int 类型值
getString(int columnIndex)	获得指定列索引的 string 类型值

（6）修改数据

和插入、删除数据类似,修改数据也有两种方式:

一种是调用 SQLiteDatabase 的方法修改数据,方法如下:

update(String table,ContentValues values,String whereClause, String[ ] whereArgs)

第一个参数是表的名称;第二个参数是 ContentValues 类型的键 – 值对,第三个参数是更新条件,第四个参数是更新条件数组。

另一种是编写更新的 SQL 语句,调用 SQLiteDatabase 的 execSQL( )执行更新。

10.3.3　SQLiteOpenHelper 的辅助类

SQLiteOpenHelper 是 SQLiteDatabase 的一个辅助类,用来管理数据库的创建和版本更新,一般的用法是定义一个类继承它,并实现其抽象方法 onCreate(SQLiteDatabase db)和 opUpgrade (SQLiteDatabase db, int oldVersion, int newVersion) 来创建和更新数据库。SQLiteOpenHelper常用方法如表 10.6 所示。

表 10.6　SQLiteOpenHelper 的常用方法及说明

方法名称	功能说明
SQLiteOpenHelper (Context context, Stringname, SQLiteDatabase. CursorFactory factory,int version)	构造方法,一般是传递一个要创建的数据库名称 name 的参数
onCreate(SQLiteDatabase db)	创建数据库
onUpgrade(SQLiteDatabase db,int oldVersion,int newVersion)	版本更新
getReadableDatabase( )	创建或打开一个只读数据库
getWritableDatabase( )	创建或打开一个读写数据库

10.3.4　SQLite 存储数据的使用

Ch10_03_SQLite 工程是使用 SQLite 存储数据操作的实例,如图 10.8 所示。主要功能是创建一张人物信息表,包括 ID、姓名、年龄、身高属性。通过前台的操作可以对人物的信息进行增加、查找、删除和修改,同时也可以通过 ID 标签中的数据数值,对固定 ID 的数据进行删除、查询和更新操作。

图 10.8　SQLite 的使用显示界面

在 XML 文件中(res/layout/main. xml)的代码如下:

```xml
<? xml version = "1.0" encoding = "utf-8"? >
<LinearLayout xmlns:android = "http://schemas. android. com/apk/res/android"
    android:id = "@ + id/layout"
    android:layout_width = "fill_parent"
    android:layout_height = "fill_parent"
    android:orientation = "horizontal"  >
  <RelativeLayout
    android:id = "@ + id/RelativeLayout01"
    android:layout_width = "fill_parent"
    android:layout_height = "fill_parent"  >
    <TextView
      android:id = "@ + id/nameText"
      android:layout_width = "wrap_content"
      android:layout_height = "wrap_content"
      android:layout_alignBaseline = "@ + id/nameEdit"
      android:layout_alignParentLeft = "true"
      android:text = "书 名:"  >
    </TextView>
    <TextView
      android:id = "@ + id/publishText"
      android:layout_width = "wrap_content"
```

```
        android:layout_height = "wrap_content"
        android:layout_alignBaseline = "@ + id/publishEdit"
        android:layout_below = "@ + id/nameText"
        android:text = "出 版 社:" >
    </TextView >
    < TextView
        android:id = "@ + id/yearText"
        android:layout_width = "wrap_content"
        android:layout_height = "wrap_content"
        android:layout_alignBaseline = "@ + id/yearEdit"
        android:layout_below = "@ + id/publishText"
        android:text = "出版年份:"  >
    </TextView >
    < EditText
        android:id = "@ + id/nameEdit"
        android:layout_width = "150px"
        android:layout_height = "wrap_content"
        android:layout_alignParentTop = "true"
        android:layout_toRightOf = "@ + id/yearText" / >
    < LinearLayout
        android:id = "@ + id/LinearLayout01"
        android:layout_width = "wrap_content"
        android:layout_height = "wrap_content"
        android:layout_below = "@ + id/yearEdit"  >
        < Button
            android:id = "@ + id/btn_dataAdd"
            android:layout_width = "wrap_content"
            android:layout_height = "wrap_content"
            android:text = "添加数据"  >
        </Button >
        < Button
            android:id = "@ + id/btn_dataQueryAll"
            android:layout_width = "wrap_content"
            android:layout_height = "wrap_content"
            android:text = "全部显示"  >
        </Button >
        < Button
```

```
        android:id = "@ + id/btn_dataClear"
        android:layout_width = "wrap_content"
        android:layout_height = "wrap_content"
        android:text = "清除显示" >
    </Button >
    < Button
        android:id = "@ + id/btn_dataDeleteAll"
        android:layout_width = "wrap_content"
        android:layout_height = "wrap_content"
        android:text = "全部删除" >
    </Button >
</LinearLayout >
< LinearLayout
    android:id = "@ + id/LinearLayout02"
    android:layout_width = "wrap_content"
    android:layout_height = "wrap_content"
    android:layout_below = "@ + id/LinearLayout01" >
    < TextView
        android:layout_width = "wrap_content"
        android:layout_height = "wrap_content"
        android:padding = "3dip"
        android:text = "ID:" >
    </TextView >
    < EditText
        android:id = "@ + id/ID_entry"
        android:layout_width = "50dip"
        android:layout_height = "wrap_content"
        android:numeric = "integer"
        android:padding = "3dip" >
    </EditText >
    < Button
        android:id = "@ + id/ID_delete"
        android:layout_width = "50dip"
        android:layout_height = "wrap_content"
        android:padding = "3dip"
        android:text = "ID 删除" >
    </Button >
```

```xml
< Button
    android:id = "@ + id/ID_query"
    android:layout_width = "50dip"
    android:layout_height = "wrap_content"
    android:padding = "3dip"
    android:text = "ID 查询"  >
</Button >
< Button
    android:id = "@ + id/ID_update"
    android:layout_width = "50dip"
    android:layout_height = "wrap_content"
    android:padding = "3dip"
    android:text = "ID 更新"  >
</Button >
</LinearLayout >
< LinearLayout
    android:id = "@ + id/LinearLayout03"
    android:layout_width = "wrap_content"
    android:layout_height = "wrap_content"
    android:layout_below = "@ + id/LinearLayout02"  >
    < TextView
        android:id = "@ + id/lable"
        android:layout_width = "wrap_content"
        android:layout_height = "wrap_content"
        android:text = "数据显示"  >
    </TextView >
    < ScrollView
        android:layout_width = "wrap_content"
        android:layout_height = "wrap_content"
        android:layout_below = "@ + id/lable"  >
        < LinearLayout
            android:layout_width = "251dp"
            android:layout_height = "155dp"  >
            < TextView
                android:id = "@ + id/display"
                android:layout_width = "wrap_content"
                android:layout_height = "wrap_content"
```

```
                        </TextView >
                <//LinearLayout >
            </ScrollView >
        </LinearLayout >
        < EditText
            android:id = "@ + id/publishEdit"
            android:layout_width = "150px"
            android:layout_height = "wrap_content"
            android:layout_alignLeft = "@ + id/nameEdit"
            android:layout_below = "@ + id/nameEdit"  >
            < requestFocus / >
        </EditText >
        < EditText
            android:id = "@ + id/yearEdit"
            android:layout_width = "150px"
            android:layout_height = "wrap_content"
            android:layout_alignLeft = "@ + id/publishEdit"
            android:layout_below = "@ + id/publishEdit"
            android:numeric = "decimal"  / >
    </RelativeLayout >
</LinearLayout >
```

SQLiteActivity. java 中的核心代码如下：

```java
public class SQLiteActivity extends Activity {
    private SQLiteDBAdapter dbAdapter;
    private Button btnDataAdd, btnDataQueryAll, btnDataClear, btnDataDeleteAll,
        btnIdDelete, btnIdQuery, btnIdUpdate;
    private EditText nameEdit, publishEdit, yearEdit, IdEdit;
    private TextView lableView, display;
    @Override
    public void onCreate(Bundle savedInstanceState) {
        super. onCreate(savedInstanceState);
        setContentView(R. layout. main);
        setupView();
        // 获得实例
        dbAdapter = new SQLiteDBAdapter(this);
        // 打开数据库
        dbAdapter. open();
```

```java
// 添加一条数据. 按钮
btnDataAdd. setOnClickListener( new OnClickListener( ) {
  @ Override
  public void onClick( View v) {
    if (! isRight( )) {
    return;
  }
  SQLiteBean people = new SQLiteBean( );
  people. Name = nameEdit. getText( ). toString( );
  people. Publish = publishEdit. getText( ). toString( );
  people. Year = Integer. parseInt( yearEdit. getText( ). toString( ));
  long colunm = dbAdapter. insert( people);
  if ( colunm = = -1) {
    lableView. setText( "添加错误");
  } else {
    lableView. setText( "成功添加数据, ID: " + String. valueOf( colunm));
  }
  }
});
// 查询全部
btnDataQueryAll. setOnClickListener( new OnClickListener( ) {
  @ Override
  public void onClick( View v) {
    SQLiteBean[ ] peoples = dbAdapter. queryAllData( );
    if ( peoples = = null) {
      lableView. setText( "数据库里还没有数据");
      return;
    }
    lableView. setText( "数据库:");
    String result = "";
    for ( int i = 0; i < peoples. length; i + +) {
      result + = peoples[ i]. toString( ) + "\n";
    }
    display. setText( result);
  }
});
// 清除显示
```

```
btnDataClear. setOnClickListener( new OnClickListener( ) {
  @ Override
  public void onClick( View v ) {
    display. setText( "" ) ;
  }
} ) ;
// 删除全部数据
btnDataDeleteAll. setOnClickListener( new OnClickListener( ) {
  @ Override
  public void onClick( View v ) {
    dbAdapter. deleteAllData( ) ;
    lableView. setText( "数据全部删除" ) ;
    display. setText( "" ) ;
  }
} ) ;
// ID 查询
btnIdQuery. setOnClickListener( new OnClickListener( ) {
  @ Override
  public void onClick( View v ) {
    int id = Integer. parseInt( IdEdit. getText( ). toString( ) ) ;
    SQLiteBean[ ] people = dbAdapter. queryOneData( id ) ;
    if ( people = = null) {
      lableView. setText( "此 ID 无数据" ) ;
      display. setText( "" ) ;
      return ;
    }
    lableView. setText( "数据库:" ) ;
    display. setText( people[ 0 ]. toString( ) ) ;
  }
} ) ;
// ID 删除
btnIdDelete. setOnClickListener( new OnClickListener( ) {
  @ Override
  public void onClick( View v ) {
    int id = Integer. parseInt( IdEdit. getText( ). toString( ) ) ;
    long result = dbAdapter. deleteOneData( id ) ;
    Log. i( SQLiteDBAdapter. DB_ACTION, "delete long :" + result ) ;
```

```
            String msg = "删除 ID 为" + IdEdit. getText( ). toString( ) + "的数据"
                + (result > 0 ? "成功" : "失败");
            lableView. setText(msg);
        }
    });
    // 更新 ID 数据
    btnIdUpdate. setOnClickListener( new OnClickListener( ) {
        @Override
        public void onClick( View v) {
            SQLiteBean people = new SQLiteBean( );
            people. Name = nameEdit. getText( ). toString( );
            people. Publish = publishEdit. getText( ). toString( );
            people. Year = Integer. parseInt( yearEdit. getText( ). toString( ));
            int id = Integer. parseInt( IdEdit. getText( ). toString( ));
            long count = dbAdapter. updateOneData( id, people);
            if (count == -1) {
                lableView. setText("更新错误");
                display. setText("");
            } else {
                lableView. setText("更新成功" + "更新数据第" + String. valueOf( id) + "
条");
            }
        }
    });
}

    boolean isRight( ) {
        if (publishEdit. length( ) == 0 || nameEdit. length( ) == 0
            || yearEdit. length( ) == 0) {
            lableView. setText("请输入符合场常理的数据");
            return false;
        } else {
            return true;
        }
    }
    void setupView( ) {
        btnDataAdd = (Button) findViewById( R. id. btn_dataAdd);
        btnDataQueryAll = (Button) findViewById( R. id. btn_dataQueryAll);
```

```
        btnDataClear = (Button) findViewById(R. id. btn_dataClear);
        btnDataDeleteAll = (Button) findViewById(R. id. btn_dataDeleteAll);
        btnIdDelete = (Button) findViewById(R. id. ID_delete);
        btnIdQuery = (Button) findViewById(R. id. ID_query);
        btnIdUpdate = (Button) findViewById(R. id. ID_update);
        nameEdit = (EditText) findViewById(R. id. nameEdit);
        publishEdit = (EditText) findViewById(R. id. publishEdit);
        yearEdit = (EditText) findViewById(R. id. yearEdit);
        IdEdit = (EditText) findViewById(R. id. ID_entry);
        lableView = (TextView) findViewById(R. id. lable);
        display = (TextView) findViewById(R. id. display);
    }

}
```

SQLiteDBAdapter. java 中的核心代码如下：

```
public class SQLiteDBAdapter {
    public static final String DB_ACTION = "db_action";// LogCat
    private static final String DB_NAME = "book. db";
    private static final String DB_TABLE = "bookinfo";
    private static final int DB_VERSION = 1;
    public static final String KEY_ID = "_id";
    public static final String KEY_NAME = "name";
    public static final String KEY_PUBLISH = "publish";
    public static final String KEY_YEAR = "year";
    private SQLiteDatabase db;
    private Context xContext;
    private DBOpenHelper dbOpenHelper;
    public SQLiteDBAdapter(Context context) {
        xContext = context;
    }
    //空间不够存储的时候设为只读
    public void open() throws SQLiteException {
        dbOpenHelper = new DBOpenHelper(xContext, DB_NAME, null, DB_VERSION);
        try {
            db = dbOpenHelper. getWritableDatabase();
        } catch (SQLiteException e) {
            db = dbOpenHelper. getReadableDatabase();
        }
```

```
        }
        //调用 SQLiteDatabase 对象的 close( )方法关闭数据库
        public void close( ) {
        if ( db ! = null) {
          db. close( ) ;
          db = null;
          }
        }
    //向表中添加一条数据
        public long insert(SQLiteBean people) {
        ContentValues newValues = new ContentValues( ) ;
        newValues. put( KEY_NAME, people. Name) ;
        newValues. put( KEY_PUBLISH, people. Publish) ;
        newValues. put( KEY_YEAR, people. Year) ;
        return db. insert(DB_TABLE, null, newValues) ;
      }
    // 根据输入 ID 删除一条数据
        public long deleteOneData( long id) {
        return db. delete(DB_TABLE, KEY_ID + " =" + id, null) ;
      }
    //删除所有数据
        public long deleteAllData( ) {
        return db. delete(DB_TABLE, null, null) ;
      }
    //根据 id 查询数据的代码
        public SQLiteBean[ ] queryOneData( long id) {
        Cursor result = db. query(DB_TABLE, new String[ ] { KEY_ID, KEY_NAME,
            KEY_PUBLISH, KEY_YEAR }, KEY_ID + " =" + id, null, null, null,
            null) ;
        return ConvertToPeople( result) ;
      }
    //查询全部数据
        public SQLiteBean[ ] queryAllData( ) {
        Cursor result = db. query(DB_TABLE, new String[ ] { KEY_ID, KEY_NAME,
            KEY_PUBLISH, KEY_YEAR }, null, null, null, null, null) ;
        return ConvertToPeople( result) ;
      }
```

```
//根据 id 更新一条数据
public long updateOneData( long id, SQLiteBean people) {
   ContentValues newValues = new ContentValues();
   newValues.put( KEY_NAME, people. Name);
   newValues.put( KEY_PUBLISH, people. Publish);
   newValues.put( KEY_YEAR, people. Year);
   return db.update( DB_TABLE, newValues, KEY_ID + " =" + id, null);
}
```

// ConvertToPeople(Cursor cursor)是私有函数,作用是将查询结果转换为用来存储数据自定义的 People 类对象

// People 类包含四个公共属性,分别为 ID、Name、Age 和 Height,对应数据库中的四个属性值

```
   private SQLiteBean[] ConvertToPeople( Cursor cursor) {
int resultCounts = cursor. getCount();
if ( resultCounts = = 0 || ! cursor. moveToFirst()) {
   return null;
}
SQLiteBean[] books = new SQLiteBean[ resultCounts];
Log.i( DB_ACTION, "PeoPle len:" + books. length);
for ( int i = 0; i < resultCounts; i + +) {
   books[i] = new SQLiteBean();
   books[i]. ID = cursor. getInt(0);
   books[i]. Name = cursor. getString( cursor. getColumnIndex( KEY_NAME));
   books[i]. Publish = cursor. getString( cursor. getColumnIndex( KEY_PUBLISH));
   books[i]. Year = cursor. getInt( cursor. getColumnIndex( KEY_YEAR));
   Log.i( DB_ACTION, "book " + i + "info :" + books[i]. toString());
   cursor. moveToNext();
}
return books;
}
   // 静态 Helper 类,用于建立、更新和打开数据库
   private static class DBOpenHelper extends SQLiteOpenHelper {
   // 手动创建表的 SQL 命令 CREATE TABLE peopleinfo (_id integer primary key
   //autoincrement, name text not null, age integer, height float);
   private static final String DB_CREATE = "CREATE TABLE " + DB_TABLE
       + " (" + KEY_ID + " integer primary key autoincrement, "
       + KEY_NAME + " text not null, " + KEY_PUBLISH + " text,"
```

```
        + KEY_YEAR + " integer);";
    public DBOpenHelper(Context context, String name,
        CursorFactory factory, int version) {
        super(context, name, factory, version);
    }
```

//函数在数据库第一次建立时被调用,一般用来创建数据库中的表,并做适当的初始化工作

```
    @Override
    public void onCreate(SQLiteDatabase db) {
        db.execSQL(DB_CREATE);
        Log.i(DB_ACTION, "onCreate");
    }
```

// SQL 命令。onUpgrade()函数在数据库需要升级时被调用,通过调用 SQLiteDatabase 对象的 execSQL()方法

//执行创建表的一般用来删除旧的数据库表,并将数据转移到新版本的数据库表中

```
    @Override
    public void onUpgrade(SQLiteDatabase _db, int oldVersion, int newVersion) {
```

//为了简单起见,并没有做任何的数据转移,而仅仅删除原有的表后建立新的数据库表

```
        _db.execSQL("DROP TABLE IF EXISTS " + DB_TABLE);
        onCreate(_db);
        Log.i(DB_ACTION, "Upgrade");
    }
    }
}
```

SQLiteBean.java 中的核心代码如下:

```
public class SQLiteBean {
    public int ID = -1;
    public String Name;
    public String Publish;
    public int Year;
    @Override
    public String toString() {
        String result = "ID: " + this.ID + "," + "书名:" + this.Name + ","
            + "出版社:" + this.Publish + "," + "出版年份:" + this.Year;
        return result;
    }
}
```

10.4 ContentProvider

ContentProvider 在 Android 中的作用是对外共享数据,也就是说可以通过 ContentProvider 把应用中的数据共享给其他应用访问,其他应用可以通过 ContentProvider 对应用中的数据进行添加、删除、修改和查询等操作。

10.4.1 Uri 类简介

Uri 代表要操作的数据,主要包含两部分信息:需要操作的 ContentProvider 和对 ContentProvider 中的什么数据进行操作。一个 Uri 由以下几部分组成。

①scheme:ContentProvider 的 scheme 已经由 Android 规定为 content://。

②主机名(或 Authority):用于唯一标识这个 ContentProvider,外部调用者可以根据这个标识来找到它。

③路径(path):可以用来表示要操作的数据,路径的构建应根据业务而定,如:要操作 contact 表中 id 为 10 的记录,可以构建这样的路径:/contact/10;要操作 contact 表中 id 为 10 的记录的 name 字段,可以构建这样的路径:contact/10/name;要操作 contact 表中的所有记录,可以构建这样的路径:/contact。有时要操作的数据不一定来自数据库,也可以是文件等其他存储方式,如要操作 XML 文件中 contact 节点下的 name 节点,可以构建这样的路径:/contact/name。

如果要把一个字符串转换成 Uri,可以使用 Uri 类中的 parse()方法,如:Uri uri = Uri. parse("content:// content:// edu. hrbeu. ContentProvider. Peoples/people")。

10.4.2 UriMatcher、ContentUrist 和 ContentResolver

当 Activity 要利用 ContentProvider 来操作数据时,必须指定 Uri 名称。当该 Uri 名称被送到 ContentProvider 时,ContentProvider 必须先解析该 Uri 名称。这个步骤需要一个 UriMatcher 形态的对象来完成,而 ContentProvider 必须在启动的时候就设定好这个 UriMathcer 对象。用法如下:

UriMatcher uriMatcher = new UriMatcher(UriMatcher. NO_MATCH);

其中,常量 UriMatcher. NO_MATCH 表示不匹配任何路径的返回码(-1)。

设定完需要匹配的 Uri 后,就可以使用 uriMatcher. match(uri)方法对输入的 Uri 进行匹配,如果匹配就返回匹配码,匹配码是调用 addURI()方法传入的第三个参数。用法如下:

sUriMatcher. addURI(Peoples. AUTHORITY, "people", PEOPLE);

sUriMatcher. addURI(Peoples. AUTHORITY, "people/#", PEOPLE_ID);

当外部应用需要对 ContentProvider 中的数据进行添加、删除、修改和查询操作时,可以使用 ContentResolver 类来完成,要获取 ContentResolver 对象,可以使用 Activity 提供的 getContentResolver()方法。ContentResolver 使用 insert()、delete()、update()、query()方法来操作数据。具体如下:

query(Uri uri,Strng[ ] projection,String selection,String[ ] selectionArgs,String sortOrder)是通过 Uri 进行查询,返回一个 Corsor;insert(Uri uri,ContentValues values)是将一组数据插入到 Uri 指定的地方;update(Uri uri,ContentValues values,String where,String[ ] selectionArgs)是更新 Uri 指定位置的数据;delete(Uri uri,String where,String[ ] selectionArgs)是删除指定 Uri 且符合一定条件的数据。

10.4.3   ContentProvider 的使用

Ch10_04_ContentProvider 工程是使用 ContentProvider 存储数据的实例。实现对数据库基本的添加、删除、修改和查询的操作,如图 10.9 所示。

图 10.9   ContentProvider 的使用显示界面

在 XML 文件中(res/layout/main. xml)的代码如下:

```
< ? xml version = "1.0" encoding = "utf – 8"？ >
< LinearLayout xmlns:android = "http://schemas. android. com/apk/res/android"
    android:layout_width = "fill_parent"
    android:layout_height = "fill_parent"
    android:orientation = "vertical"  >
    < Button
    android:id = "@ + id/btn1"
    android:layout_width = "fill_parent"
    android:layout_height = "wrap_content"
    android:text = "插入一条记录" / >
    < Button
    android:id = "@ + id/btn2"
    android:layout_width = "fill_parent"
    android:layout_height = "wrap_content"
    android:text = "查看所有记录" / >
```

```
< Button
    android:id = " @ + id/btn3"
    android:layout_width = " fill_parent"
    android:layout_height = " wrap_content"
    android:text = " 删除记录" / >
< Button
    android:id = " @ + id/btn4"
    android:layout_width = " fill_parent"
    android:layout_height = " wrap_content"
    android:text = " 更新记录" / >
```

</LinearLayout >

在 ContentProviderActivity. java 中通过对数据库操作方法的调用,实现了对数据库的可视化操作,其核心代码如下:

```
public class ContentProviderActivity extends Activity {
    private Button btn1;
    private Button btn2;
    private Button btn3;
    private Button btn4;
    @ Override
    public void onCreate( Bundle savedInstanceState) {
        super. onCreate( savedInstanceState);
        setContentView( R. layout. main);
        btn1 = ( Button) findViewById( R. id. btn1);
        btn2 = ( Button) findViewById( R. id. btn2);
        btn3 = ( Button) findViewById( R. id. btn3);
        btn4 = ( Button) findViewById( R. id. btn4);
        btn1. setOnClickListener( new Button. OnClickListener( ) {
            public void onClick( View v) {
                insertDialog( );
            }
        });
        btn2. setOnClickListener( new Button. OnClickListener( ) {
            public void onClick( View v) {
                queryall( );
            }
        });
        btn3. setOnClickListener( new Button. OnClickListener( ) {
```

```
        public void onClick( View v) {
            delete( );
        }
    });
    btn4. setOnClickListener( new Button. OnClickListener( ) {
        public void onClick( View v) {
            updata( );
        }
    });
}
private void insert( String name, String age, String hight) {
    // 声明 Uri
    Uri uri = People. CONTENT_URI;
    // 实例化 ContentValues
    ContentValues values = new ContentValues( );
    // 添加员工信息
    values. put( People. NAME, name);
    values. put( People. HEIGHT, age);
    values. put( People. AGE, hight);
    // 打印插入信息
    Log. d( "TAG", "插入一组数据" + name + " " + age + " " + hight);
    // 获得 ContentResolver 并插入
    getContentResolver( ). insert( uri, values);
}
private void queryall( ) {
    // 查询列数组
    String[ ] PROJECTION = new String[ ] { People. _ID, // 0
        People. NAME, // 1
        People. AGE, // 2
        People. HEIGHT // 3
    };
    // 查询所有通讯录信息
    Cursor c = managedQuery( People. CONTENT_URI, PROJECTION, null, null,
        People. DEFAULT_SORT_ORDER);
    // 判断游标为空
    Log. v( "TAG", "moveToFirst: " + c. moveToFirst( ));
    Log. v( "TAG", "getCount: " + c. getCount( ));
```

```
    if ( c. moveToFirst( ) ) {
        // 遍历游标
        String res = "";
        for ( int i = 0; i < c. getCount( ); i + + ) {
            c. moveToPosition( i );
            String id = c. getString( 0 );
            String name = c. getString( 1 );
            int age = c. getInt( 2 );
            String height = c. getString( 3 );
            res + = id + " 姓名:" + name + " 年龄:" + age + " 身高:" + height + " \
n";
        }
        Toast. makeText( this, res, Toast. LENGTH_SHORT). show( );
    }
}
private void updata( ) {
    LayoutInflater factory = LayoutInflater. from( this );
    final View textEntryView = factory. inflate( R. layout. dialogwithid, null );
    final EditText editTextId = ( EditText ) textEntryView
        . findViewById( R. id. editTextID );
    final EditText editTextName = ( EditText ) textEntryView
        . findViewById( R. id. editTextName );
    final EditText editTextNumEditAge = ( EditText ) textEntryView
        . findViewById( R. id. editTextAge );
    final EditText editTextNumEditHight = ( EditText ) textEntryView
        . findViewById( R. id. editTextHight );
    final Uri uri = People. CONTENT_URI;
    AlertDialog. Builder ad1 = new AlertDialog. Builder( ContentProviderActivity. this );
    ad1. setTitle( "修改人物信息" );
    ad1. setIcon( android. R. drawable. ic_dialog_info );
    ad1. setView( textEntryView );
    ad1. setPositiveButton( "是", new DialogInterface. OnClickListener( ) {
        public void onClick( DialogInterface dialog, int which ) {
            ContentValues values = new ContentValues( );
            values. put( People. NAME, editTextName. getText( ). toString( ) );
            values. put( People. HEIGHT, editTextNumEditAge. getText( )
                . toString( ) );
```

```
            values. put( People. AGE, editTextNumEditHight. getText( )
                . toString( ) ) ;
            getContentResolver( ). update(
                ContentUris. withAppendedId( uri, Integer
                    . parseInt( editTextId. getText( ). toString( ) ) ),
                values, null, null) ;
        }
    } ) ;
    ad1. setNegativeButton( "否", new DialogInterface. OnClickListener( ) {
        public void onClick( DialogInterface arg0, int arg1) {
            // TODO Auto - generated method stub
        }
    } ) ;
    ad1. show( ) ;
}
private void delete( ) {
    final Uri uri = People. CONTENT_URI;
    final EditText et = new EditText( this) ;
    new AlertDialog. Builder( this). setTitle( "输入要删除记录的 ID" )
        . setIcon( android. R. drawable. ic_dialog_info). setView( et)
        . setPositiveButton( "是", new DialogInterface. OnClickListener( ) {
            public void onClick( DialogInterface dialog, int which) {
                getContentResolver( ). delete(
                    ContentUris. withAppendedId( uri, Integer
                        . parseInt( et. getText( ). toString( ) ) ),
                    null, null) ;
            }
        } ). setNegativeButton( "否", null). show( ) ;
}
@ Override
public boolean onCreateOptionsMenu( Menu menu) {
    getMenuInflater( ). inflate( R. menu. activity_main, menu) ;
    return true;
}
private void insertDialog( ) {
    final String[ ] res = new String[3] ;
    LayoutInflater factory = LayoutInflater. from( this) ;
```

```
        final View textEntryView = factory. inflate( R. layout. dialog, null);
        final EditText editTextName = ( EditText) textEntryView
            . findViewById( R. id. editTextName);
        final EditText editTextNumEditAge = ( EditText) textEntryView
            . findViewById( R. id. editTextAge);
        final EditText editTextNumEditHight = ( EditText) textEntryView
            . findViewById( R. id. editTextHight);
AlertDialog. Builder ad1 = new AlertDialog. Builder( ContentProviderActivity. this);
        ad1. setTitle( "增加人物信息");
        ad1. setIcon( android. R. drawable. ic_dialog_info);
        ad1. setView( textEntryView);
        ad1. setPositiveButton( "是", new DialogInterface. OnClickListener( ) {
            public void onClick( DialogInterface dialog, int which) {
                res[0] = editTextName. getText( ). toString( );
                res[1] = editTextNumEditAge. getText( ). toString( );
                res[2] = editTextNumEditHight. getText( ). toString( );
                insert( res[0], res[1], res[2]);
            }
        });
        ad1. setNegativeButton( "否", new DialogInterface. OnClickListener( ) {
            public void onClick( DialogInterface arg0, int arg1) {
            }
        });
        ad1. show( );
        }
    }
```

定义一个数据库的工具类 ContentProviderDBHelper. java,其核心代码如下:

```
//数据库工具类
public class ContentProviderDBHelper extends SQLiteOpenHelper {
    // 数据库名称常量
    private static final String DATABASE_NAME = "people. db";
    // 数据库版本常量
    private static final int DATABASE_VERSION = 1;
    // 表名称常量
    public static final String TABLE_NAME = "peopleinfo";
    // 构造方法
    public ContentProviderDBHelper( Context context) {
```

```java
        super(context, DATABASE_NAME, null, DATABASE_VERSION);
        // TODO Auto - generated constructor stub
    }
    @Override
    public void onCreate(SQLiteDatabase db) {
        db.execSQL("CREATE TABLE " + TABLE_NAME + " (" + People._ID
            + " INTEGER PRIMARY KEY," + People.NAME + " TEXT,"
            + People.HEIGHT + " float," + People.AGE + " INTEGER" + ");");
    }
    @Override
    public void onUpgrade(SQLiteDatabase db, int oldVersion, int newVersion) {
        // 删除表
        db.execSQL("DROP TABLE IF EXISTS employee");
        onCreate(db);
    }
}
```

ContentProviderBean. java 用于定义一些常量,包括 Uri 和一些成员变量等,其核心代码如下:

```java
public class ContentProviderBean {
    // 定义 URI 的 AUTHORITY
    public static final String AUTHORITY = "edu. hrbeu. ContentProvider. Peoples";
    // 定义要访问的 URI
    public static final Uri CONTENT_URI = Uri. parse("content://" + AUTHORITY
        + "/people");
    private ContentProviderBean() {
    }
    // 内部类
    public static final class People implements BaseColumns {
        // 构造方法
        private People() {
        }
        // 定义要访问的 URI
        public static final Uri CONTENT_URI = Uri. parse("content://"
            + AUTHORITY + "/people");
        // 内容类型
        public static final String CONTENT_TYPE = "vnd. android. cursor. dir/vnd. amaker. peo-
ples";
```

```
        public static final String CONTENT_ITEM_TYPE = "vnd. android. cursor. item/vnd.
amaker. peoples";
        // 定义排列顺序
    public static final String DEFAULT_SORT_ORDER = "_ID ASC";// 按 id 升序
        // 表字段常量
        public static final String NAME = "name"; // 姓名
        public static final String AGE = "age"; // 年龄
        public static final String HEIGHT = "height"; // 身高
    }
}
```

ContentProviderDBAdapter. java 封装了对数据库的操作,包括创建数据库、增加记录、删除记录、修改记录和查找记录等操作,其核心代码如下:

```
public class ContentProviderDBAdapter extends ContentProvider {
    // 数据库帮助类
    private ContentProviderDBHelper dbHelper;
    // URI 工具类
    private static final UriMatcher sUriMatcher;
    // 查询更新条件
    private static final int PEOPLE = 1;
    private static final int PEOPLE_ID = 2;
    // 查询列集合
    private static HashMap < String, String > empProjectionMap;
    static {
        // URI 匹配工具类
        sUriMatcher = new UriMatcher( UriMatcher. NO_MATCH);
        sUriMatcher. addURI( ContentProviderBean. AUTHORITY, "people", PEOPLE);
        sUriMatcher. addURI( ContentProviderBean. AUTHORITY, "people/#", PEOPLE_ID);
        // 实例化查询列集合
        empProjectionMap = new HashMap < String, String > ();
        // 添加查询列
        empProjectionMap. put( People. _ID, People. _ID);
        empProjectionMap. put( People. NAME, People. NAME);
        empProjectionMap. put( People. HEIGHT, People. HEIGHT);
        empProjectionMap. put( People. AGE, People. AGE);
    }
        // 创建时调用
    public boolean onCreate() {
```

```java
    // 实例化数据库帮助类
    dbHelper = new ContentProviderDBHelper(getContext());
    return true;
}
    // insert 方法
public Uri insert(Uri uri, ContentValues values) {
    // 获得数据库实例
    SQLiteDatabase db = dbHelper.getWritableDatabase();
    // 插入数据,返回行 ID
    long rowId = db.insert(ContentProviderDBHelper.TABLE_NAME, People.NAME, values);
    // 插入成功返回 URI
    if (rowId > 0) {
        Uri empUri = ContentUris.withAppendedId(People.CONTENT_URI, rowId);
        getContext().getContentResolver().notifyChange(empUri, null);
        return empUri;
    }
    return uri;
}
    // 删除方法
public int delete(Uri uri, String selection, String[] selectionArgs) {
    SQLiteDatabase db = dbHelper.getWritableDatabase();
    int count;
    switch (sUriMatcher.match(uri)) {
    // 根据指定条件和 ID 删除
    case PEOPLE:
        count = db.delete(ContentProviderDBHelper.TABLE_NAME, selection, selectionArgs);
        break;
    case PEOPLE_ID:
        String noteId = uri.getPathSegments().get(1);
        count = db.delete(ContentProviderDBHelper.TABLE_NAME, People._ID
            + " = "
            + noteId
            + (! TextUtils.isEmpty(selection) ? " AND (" + selection
                + ')' : ""), selectionArgs);
        break;
```

```
        default:
          throw new IllegalArgumentException("错误的 URI " + uri);
        }
      getContext().getContentResolver().notifyChange(uri, null);
      return count;
    }
```

// 获得类型
```
public String getType(Uri uri) {
    return null;
}
```

// 查询方法
```
public Cursor query(Uri uri, String[] projection, String selection,
    String[] selectionArgs, String sortOrder) {
SQLiteQueryBuilder qb = new SQLiteQueryBuilder();
switch (sUriMatcher.match(uri)) {
```

// 查询所有
```
case PEOPLE:
    qb.setTables(ContentProviderDBHelper.TABLE_NAME);
    qb.setProjectionMap(empProjectionMap);
    break;
```

// 根据 ID 查询
```
case PEOPLE_ID:
    qb.setTables(ContentProviderDBHelper.TABLE_NAME);
    qb.setProjectionMap(empProjectionMap);
    qb.appendWhere(People._ID + " =" + uri.getPathSegments().get(1));
    break;
default:
    throw new IllegalArgumentException("Uri " + uri);
}
```

// 使用默认排序
```
String orderBy;
if (TextUtils.isEmpty(sortOrder)) {
    orderBy = People.DEFAULT_SORT_ORDER;
} else {
    orderBy = sortOrder;
}
```

// 获得数据库实例

```java
SQLiteDatabase db = dbHelper. getReadableDatabase( );
// 返回游标集合
Cursor c = qb. query( db, projection, selection, selectionArgs, null,
    null, orderBy) ;
c. setNotificationUri( getContext( ). getContentResolver( ), uri) ;
return c;
}

// 更新方法
public int update( Uri uri, ContentValues values, String selection,
    String[ ] selectionArgs) {
SQLiteDatabase db = dbHelper. getWritableDatabase( );
int count;
switch ( sUriMatcher. match( uri) ) {
// 根据指定条件和 ID 更新
case PEOPLE:
    count = db. update( ContentProviderDBHelper. TABLE_NAME, values, selection,
        selectionArgs) ;
    break;
case PEOPLE_ID:
    String noteId = uri. getPathSegments( ). get( 1) ;
    count = db. update( ContentProviderDBHelper. TABLE_NAME, values, People. _ID
        + " ="
        + noteId
        + ( ! TextUtils. isEmpty( selection) ? " AND (" + selection
        + ) ': "") , selectionArgs) ;
    break;
default:
    throw new IllegalArgumentException( "错误 URI " + uri) ;
}
getContext( ). getContentResolver( ). notifyChange( uri, null) ;
return count;
}

}
```

最终需要在 AndroidManifest. xml 文件中为 ContentProvider 进行注册,核心代码如下:

```xml
< application
    android:icon = "@ drawable/ic_launcher"
```

```
            android:label = "@ string/app_name"  >
              < provider
android:name = "edu. hrbeu. ContentProvider. ContentProviderDBAdapter"
            android:authorities = "edu. hrbeu. ContentProvider. Peoples" / >
          < activity
            android:name = "edu. hrbeu. ContentProvider. ContentProviderActivity"
            android:label = "@ string/title_activity_main"  >
             < intent – filter >
                < action android:name = "android. intent. action. MAIN" / >
                < category android:name = "android. intent. category. LAUNCHER" / >
             < /intent – filter >
          < /activity >
       < /application >
```

习　　题

1. 利用 SharedPreferences 在代码中的使用方法,编程实现一个 SharedPreferences 的实例。

2. 利用 SQLite 在代码中的使用方法,编程实现一个 SQLite 的实例。

3. 利用 ContentProvider 在代码中的使用方法,编程实现一个 ContentProvider 的实例。

第11章

Android 手机安全卫士软件的设计与开发

学习目标:

➤ 了解 Android 的程序设计和开发过程

➤ 掌握 Android 的程序设计和应用开发中多种组件的使用方法

Android 手机的安全问题主要包括手机的防盗、用户个人隐私保护、手机短信保护、手机电话保护以及一些内核级别的保护等。本章以"Android 手机安全卫士软件"作为实例,综合运用之前各章节所学习的知识和技术,从需求分析、软件设计和核心功能开发与实现等几个方面,详细介绍 Android 的程序设计思路和应用开发方法。通过本章的学习可以使读者初步具备 Android 的程序设计和应用开发能力。

11.1 需 求 分 析

软件需求,又称软件需求分析或软件需求获取,是指用户对目标软件系统在功能、性能、行为、设计约束等方面的期望。软件需求技术的主要目标是建立系统的最佳可理解性,也就是说,要对现实问题进行分析、理解和说明,其次必须能增加其正确性、一致性和完整性等。需求分析是软件设计中最重要的一个环节,它是对目标系统提出完整、准确、清晰、具体的要求。需求分析的结果是系统开发的基础,直接关系软件开发的成败和软件产品的质量。

Android 手机安全卫士软件主要是在手机被盗或者丢失之后帮助用户找回手机并且保护用户个人隐私,此外,在日常使用中,为用户营造一个舒适的使用手机的环境,不被各种各样的垃圾短信和骚扰电话所困扰,主要包括以下的功能需求:SIM 卡监控、报警机制、远程控制、GPS 定位、垃圾短信、骚扰电话、黑名单。根据以上功能需求概要,软件功能结构图如图 11.1 所示。

SIM 卡监控:该模块实现了对于手机 SIM 卡信息的获取和检测,包括了获取 SIM 卡内的各项信息、添加用户真实 SIM 卡信息、辨识 SIM 更换动作等功能。SIM 卡详细信息包括供货商名称和编号、本地 SIM 卡卡号、目前服务商地区和名称及编号等。

报警机制:该模块实现了用户设置安全密码、密保手机号等基本信息,以及对 SIM 卡更换动作而作出反应。用户可自行设置安全密码、密码保护联系人信息和一些其他个人信息,在该模块收到了来自 SIM 卡监控模块的异常消息的时候,便可采用短信的形式向用户所设置的密保手机号进行报警,密保手机号的用户可以进行下一步找回手机的操作。

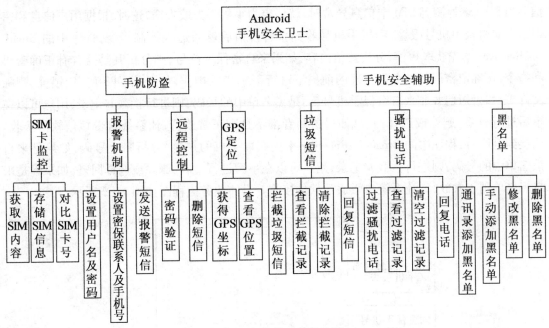

图 11.1　软件功能结构图

远程控制:该模块实现了在密保手机号收到了报警短信之后,可通过回复含远程控制指令的短信来传达对手机的操作信息,该指令需要结合用户所设置的安全密码,丢失的手机在收到了远程控制指令短信之后会根据指令内容进行下一步操作。

GPS 定位:该模块实现了获取手机经纬度坐标和查看地图上具体位置,其一部分配合报警机制协同工作,即在反馈丢失信息的同时反馈已丢失手机的 GPS 经纬度坐标给密保手机,便于用户找回手机。如果密保手机也安装了该软件,则能更为方便地查看地图信息,可视化的地图能够更加有利于用户找回已丢失的手机。

垃圾短信:该模块实现了来自黑名单的对短信拦截,如果手机收到了来自黑名单中的短信则直接拦截,并记录,因短信拦截与电话拦截的实现方法十分不一致,因此单独成立为一个子模块。

骚扰电话:该模块实现了对来自黑名单的电话过滤,如果手机收到了来自黑名单中的电话则直接挂断,并记录。

黑名单:该模块实现了黑名单的添加、删除、修改和查看,黑名单所要管理的信息包括黑名单名称、黑名单联系号码等。

11.2　软　件　设　计

11.2.1　业务流程设计

由程序注册在系统之中的 Service 和 BroadcastReceiver 在手机处于待机状态时保持后台运行,Service 用于处理 SIM 卡异常信息监控,BroadcastReceiver 用于分析判断和拦截电话和短信。当 Service 检测到 SIM 卡信息异常时,就认定为手机丢失或失窃,这时,根据用户信息和密保信息向密报手机号报警,密报手机号收到报警短信后返回远程控制指令,程序中的 BroadcastReceiver 率先获取短信,分析短信内容,如果来自密保手机号,则分析其是否含有正确密码和指令,在确定密码和指令都正确的前提下进行下一步的操作,如返回 GPS 信息、锁屏、删除文件等,如果短信并非来自密保手机号,而是黑名单中的号码,则进行拦截并记录,用户可以在事后进行查看、删除或选择回复,如果这两者都不是则正常放行,让系统自带短信软件接收。当接到电话时,程序中的 BroadcastReceiver 率先获取手机的来电,分析来电号码,如果是来自黑名单中的号码,则进行拦截并记录,用户可以在事后进行查看、删除或选择回复,如果不是来自黑名单则正常放行,让系统自带通话软件接收。具体业务流程图如图 11.2 所示。

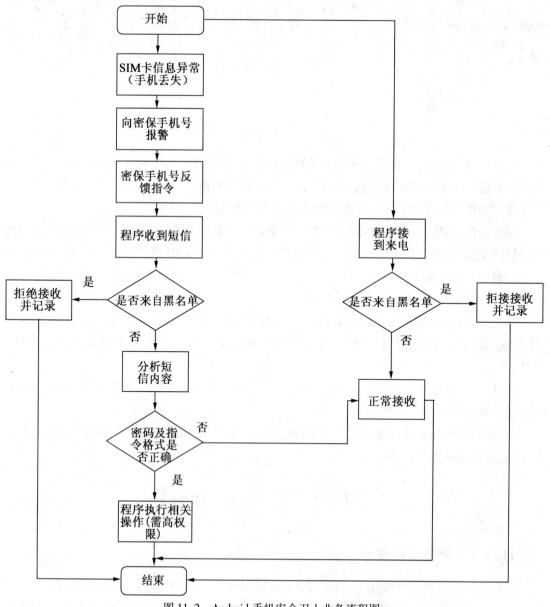

图 11.2　Android 手机安全卫士业务流程图

11.2.2　数据库设计

根据软件功能需求,共设置三张数据库表格,分别是垃圾短信记录表、骚扰电话记录表和黑名单信息表,此外在文件系统中还设置了用户信息记录文件。

(1)垃圾短信记录表(junkmessage)

垃圾短信记录表包括短信 id、来信人手机号码、短信内容和来信时间,主键为 id,整型变量自增,来信人手机号码、短信内容和来信时间都为 string 类型,不为空。表结构和字段信息如表 11.1 所示。

表 11.1　垃圾短信记录表

字段名	数据类型	字段含义	是否主键	备注
id	int	编号	是	自增
sender	string	来信人号码	否	不为空
messagebody	string	短信内容	否	不为空
time	string	来信时间	否	不为空

(2)骚扰电话记录表(disturbecall)

骚扰电话记录表包括电话 id、来电人手机号码、来电时间,主键为 id,整型变量自增,来电人手机号码、来电时间都为 string 类型,不为空。表结构和字段信息如表 11.2 所示。

表 11.2　骚扰电话记录表

字段名	数据类型	字段含义	是否主键	备注
id	int	编号	是	自增
caller	string	来电人号码	否	不为空
time	string	来电时间	否	不为空

(3)黑名单信息表(blacklist)

黑名单信息表包括黑名单 id、联系人名、手机号码,主键为 id,整型变量自增,联系人名和手机号码都为 string 类型,不为空。表结构和字段信息如表 11.3 所示。

表 11.3　黑名单信息表

字段名	数据类型	字段含义	是否主键	备注
id	int	编号	是	自增
name	string	黑名单联系人	否	不为空
telephone	string	手机号码	否	不为空

(4)用户个人信息配置文件(User_Info)

用户个人信息配置文件包括文件名、用户名、用户密码、密保联系人、密保手机号、SIM 卡号和标志符,主键为文件名,文件名、用户名、用户密码、密保联系人、密保手机号、SIM 卡号都为 string 类型,标志符为 int 类型。文件结构和字段信息如表 11.4 所示。

表 11.4   用户个人信息配置文件表

字段名	数据类型	字段含义	是否主键
User_Info	string	文件名	是
UserName	string	用户名	否
ContactName	string	密保联系人名	否
SimNumber	string	SIM 卡号	否
ContactNumber	string	密报手机号	否
Password	string	用户密码	否
Flag1	int	设置密码标志位	否
Flag2	int	设置密保标志位	否

11.2.3   各个模块设计

Android 手机安全卫士软件的主要功能模块包括:SIM 卡监控、报警机制、远程控制、GPS 定位、垃圾短信、骚扰电话和黑名单,其中 SIM 卡监控和远程控制模块只在后台运行。

(1)SIM 卡监控模块

SIM 卡监控模块需要实现对于手机 SIM 卡信息的获取和检测,包括获取 SIM 卡内的各项信息、添加用户真实 SIM 卡信息、辨识 SIM 更换动作等功能。根据对于 Android 的程序设计和应用开发基础知识的学习,使用 Service 实现模块最为恰当,Service 具有一般活动所不具备的优先级,在进程中不容易被杀死,可以在任何时刻(需开机)监控 SIM 卡异常动作。

(2)报警机制模块

报警机制模块需要实现用户设置安全密码、密保手机号等基本信息,以及对 SIM 卡更换动作而做出反应。由于考虑到了应用程序的流畅度问题,这里就不再额外申请一个 Activity 来实现发送短信的功能,而是在检查 SIM 卡信息的 Service 中编写发送短信的模块。这里需要使用 SharedPreferences 来存储用户的各项个人信息。

(3)远程控制模块

远程控制模块需要实现在密保手机号收到了报警短息之后,可通过回复含远程控制指令的短信来传达对手机的操作信息,该指令需要结合用户所设置的安全密码,丢失的手机在收到了远程控制指令短息之后会根据指令内容进行下一步的操作。根据对于 Android 的程序设计和应用开发基础知识的学习,使用 BroadcastReceiver 接收器进行来实现该模块最为恰当,在手机收到短信的时候,系统会发布一个特定的 Broadcast,该 BroadcastReceiver 接收器可以在创建的时候订阅该 Broadcast,并且将优先级设置为最高,这样就可以在系统自带短信软件获取短信之前首先获取得到短信内容和来信人号码,获得这两个信息后判断是否来自密保联系人,再分析其内容,是否按照指令指南中要求的一致,密码是否正确等。如果短信来自密保联系人,密码正确,指令格式也正确,则执行相应指令。

（4）GPS 定位模块

GPS 定位模块需要实现获取手机经纬度坐标和查看地图上具体的位置。根据对于 An-droid 的程序设计与应用开发教程基础知识的学习，该模块需要与远程控制和报警机制模块配合工作，当密保手机反馈了获取 GPS 信息的指令后，程序通过分析得到指令，然后返回 GPS 经纬度坐标给密保手机，如果密保手机也安装了该软件，那么可以获取地图视图下的坐标位置。这里需要用 MapActivity 来显示地图，并且利用 BroadcastReceiver 接收器来获得 GPS 坐标并且发送给 MapActivity 以显示具体位置。

（5）垃圾短信模块

垃圾短信模块需要实现对于来自黑名单的短信过滤功能。根据对于 Android 的程序设计和应用开发基础知识的学习，该模块需要使用 BroadcastReceiver 接收器，原理同远程控制模块，重点在于对来信人号码的分析，查询 SQLite 数据库判断是否来自黑名单，如果是则进行拦截并记录在 SQLite 数据库的另一个表——垃圾短信记录表（junkmessage）中。

（6）骚扰电话模块

骚扰电话模块实现了对于来自黑名单的电话过滤功能。如果手机收到了来自黑名单中的电话则直接挂断，并记录。根据对于 Android 的程序设计和应用开发基础知识的学习，该模块需要 BroadcastReceiver 接收器，原理同垃圾短信过滤模块，重点在于分析来电人号码，如果在黑名单中则进行屏蔽并且记录在 SQLite 数据库的骚扰电话记录表（disturbecall）中。

（7）黑名单模块

黑名单模块需要实现黑名单的添加、删除、修改和查看的功能。根据对于 Android 的程序设计和应用开发基础知识的学习，该模块需要使用 SQLite 数据库和 Activity 相配合来实现，在一个继承了 SQLiteOpenHelper 的类中重写有关数据库创建、升级的方法，再写一些自定义的查询、插入和删除的方法，方便 Activity 调用，在 Activity 中创建这个继承了 SQLiteOpenHelper 的类的对象即可调用各种数据操作的方法。该模块所有的操作的数据都存储于黑名单信息表（blacklist）中。

11.3　核心功能开发与实现

软件主界面包含远程防护（SIM 卡监控、报警机制和远程控制）、查看 GPS 信息（GPS 定位即获取 GPS 坐标和查看 GPS 位置）、垃圾短信、骚扰电话、黑名单。当按 Back 键会弹出对话框询问是否退出，按菜单键会弹出菜单显示软件信息和退出选项，主界面如图 11.3 所示。

（1）SharedPreferences 管理用户信息功能的实现

该功能及 SIM 卡监控等功能都隶属于远程防护模块，远程防护主页面包含修改密保信息（当第一次使用此软件会显示创建密码）、设置密保手机和指令向导，手机防护界面如图 11.4 所示。

图 11.3　Android 手机安全卫士软件主界面　　　　图 11.4　远程防护界面

由于软件中用户信息只是使用软件的一位用户的所有信息，记录少但是字段多，所以适合采用 SharedPreferences 来存储用户信息。

首先需要声明 SharedPreferences 文件的名字和字段名，在引入了 android. content. Shared-Preferences 包之后采用 getSharedPreferences（String name，int mode）方法即可获得相应 Shared-Preferences 文件的对象，对这个对象采用 edit（）的方法即可进行编辑，对于不同数据类型数据的操作方法也不相同，string 类型的就是 putString（String key，String value）方法，以此类推，最后以 commit（）方法结束。本功能设置文件名为 User_Info，包含了用户名（UserName）、密保联系人名（ContactName）、密保手机号（ContactNumber）、SIM 卡号（SimNumber）、用户密码（Password）及一些标志位。核心代码如下：

SharedPreferences settings = getSharedPreferences（User，0）；

settings. edit（）. putString（CName，cname）. putString（CNumber，cnum）. putInt（flag2，1）. commit（）；

settings. edit（）. putString（UName，name）. putString（password，pass）. putString（Sim，kahao）. putInt（flag1，1）. commit（）；

（2）SIM 卡监控和报警机制

检测 SIM 卡的功能需要用到四大组件中的 Service 来实现，在一个继承了 Android 中 Service 的类 CheckSim 中的 onStart（）方法里，写关键的实现功能的代码：

telMgr = （TelephonyManager）getSystemService（TELEPHONY_SERVICE）；

String sim1 = telMgr. getSimSerialNumber（）. toString（）；

这样就获得了当时的 SIM 卡号，然后从描述的 SharedPreferences 文件中取得用户注册时登记的 SIM 卡号，两个卡号进行对比判断是否发生了异常。一旦发生异常，则从 SharedPreferences 取出密保联系人的昵称和手机号码，发送报警短信：

PendingIntent mpi = PendingIntent. getBroadcast（CheckSim. this，0，new Intent（），0）；

smsManager. sendTextMessage（strDestAddress，null，strMessage，mpi，null）；

CheckSim 的 Service 需要开机自动启动，这时需要定义一个订阅了收听开机 Broadcast 的

BroadcastReceiver 接收器,手机在开机完毕之后会发送一个 android. intent. action. BOOT_COMPLETED 的 Broadcast,在 BroadcastReceiver 收到这个 Broadcast 后立刻启动 CheckSim 服务,检测 SIM 卡是否发生了更换,具体业务流程图如图 11.5 所示。

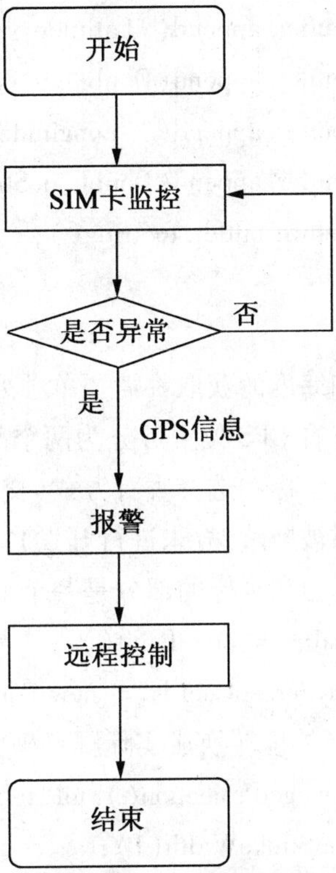

（3）远程控制

在拦截短信的模块中获得短信的内容,判断其内容是否为正确的删除短信的指令后执行方法。首先,利用 getContentResolver( ) 得到 ContentResolver 的对象,然后利用 Uri uriSms = Uri. parse ("content://sms/sent")得到短信箱的路径,最后用 Cursor 一条一条地删除手机中的短信,核心代码如下:

图 11.5　监控 SIM 卡模块业务流程图

```
Cursor c = CR. query ( uriSms, new String[ ] { " _id", " thread_id" }, null, null, null);
if ( null ! = c && c. moveToFirst( ) ) {
do {
    long threadId = c. getLong(1);
    CR. delete( Uri. parse( "content://sms/conversations/" + threadId), null, null);
    Log. d( "deleteSMS", "threadId:: " + threadId);
} while ( c. moveToNext( ));
}
```

其中,CR 为 ContentResolver 的对象。

（4）GPS 定位

GPS 定位又分为获取 GPS 坐标和查看 GPS 位置两个小模块。

对于获取 GPS 坐标,可以利用拦截短信同样的方法,在优先级为最高的短信 Broadcast 接收器中通过 getMessageBody 方法获得短信内容后,发送给 Service,Service 来判断其内容是否为 "getgps",如果是则向 sender 发件人反馈其 GPS 经纬度坐标。

要获得 GPS 定位,就需要创建一个获取位置的类,其需要继承于 Activity,核心代码如下:

```
locationManager = ( LocationManager) con. getSystemService( con. LOCATION_SERVICE);
location = getLocationProvider( locationManager);
……
if ( location ! = null) {
    StringBuffer buffer = new StringBuffer( );
```

```
buffer. append("Latitude : ");
buffer. append(Double. toString(location. getLatitude()));
buffer. append(", Longitude :");
buffer. append(Double. toString(location. getLongitude()));
return buffer. toString();
}
```

......

经度和纬度的获取都需要单独列出方法,具体内容大致和上述的一致。

对于查看 GPS 位置可分为两个部分:第一部分是显示地图和坐标的具体位置,第二部分是用于输入坐标和选择查看方式(交通模式、卫星模式和街景模式,由于街景模式在国内因种种特殊原因被屏蔽,故未进行开发)。

显示地图和坐标的部分是一个继承于 MapActivity 的类,核心代码如下:

```
Paint paint = new Paint();
Point myScreenCoords = new Point();
// 将经纬度转换成实际屏幕坐标
mapView. getProjection(). toPixels(mGeoPoint, myScreenCoords);
paint. setStrokeWidth(1);
paint. setARGB(255, 255, 0, 0);
paint. setTextSize(16);
paint. setStyle(Paint. Style. FILL);
canvas. drawBitmap(bmp, myScreenCoords. x, myScreenCoords. y, paint);
canvas. drawText("坐标:" + ((mGeoPoint. getLongitudeE6() > 0)?"东":"西") +
Math. abs(mGeoPoint. getLongitudeE6()/1000000.0) + ","
    + ((mGeoPoint. getLatitudeE6() > 0)?"北":"南")
    + Math. abs(mGeoPoint. getLatitudeE6()/1000000.0), myScreenCoords. x, myScreenCo-
ords. y, paint);
```

输入坐标和选择查看方式的部分则是继承于 Activity 的类,核心代码如下:

```
Bundle bundle = new Bundle();
bundle. putDouble("d_latitude1", d_latitude);
bundle. putDouble("d_longitude1", d_longitude);
bundle. putInt("RadioGroupSelectedId1", RadioGroupSelectedId);
intent. putExtra("bd", bundle);
```

它利用 Bundle 和 Intent 向显示地图的类中传递参数并跳转完成地图查看功能,如图 11.6 所示。

图 11.6　查看地图界面

（5）垃圾短信

拦截短信功能由 BroadcastReceiver 实现，在 AndroidManifest. xml 文件中注册 Broadcast 接收器的代码如下：

```
< receiver android:name = "com. AllBroadcast. IncomingSMSReceiver" >
<! -- android:priority = "1000" 设置了 Broadcast 接收优先权，最大为 1000 -- >
    < intent - filter android:priority = "1000" >
        < action android:name = "android. provider. Telephony. SMS_RECEIVED" / >
    </ intent - filter >
</ receiver >
```

这样就可以在其他所有代码之前得到短信，以便分析其中内容，分析短信的核心代码如下：

```
Bundle bundle = intent. getExtras( );
    if (bundle ! = null){
        Object[ ] pdus = (Object[ ]) bundle. get("pdus");
        for (Object pdu : pdus){
//要特别注意，这里是 SmsMessage 可不是 SmsManager
SmsMessage message = SmsMessage. createFromPdu((byte[ ]) pdu);
sender = message. getOriginatingAddress( );
content = message. getMessageBody( );
Date date = new Date(message. getTimestampMillis( ));
SimpleDateFormat dateFormat = new SimpleDateFormat("HH:mm:ss[MM. dd]");
time = dateFormat. format(date);
```

这样就获取得到了短信的发件人号码、短信内容和时间。

由于 Broadcast 接收器的生命周期非常短，因此查询发件人是否来自黑名单的数据库操作不适宜放在 Broadcast 接收器里进行，因此，将该操作交给 Service 来进行，它们之间的通信过程由 Intent 完成。在 Service 处理完数据后需要返回给 Broadcast 接收器一个信号,代表数据已处理完毕了,发件人是否来自黑名单,这个信号存储在 SharedPreferences 文件中,Service 处理数据的核心代码如下:

```
public boolean isBlock1(String phone) {
    Cursor cursor = dbHelper. getReadableDatabase(). rawQuery(
        "select * from blacklist", null);
    while (cursor. moveToNext()) {
        if (cursor. getString(2). equals(phone)) {
            return true;
        }
    }
    return false;
}
```

当判断来自黑名单时:

SharedPreferences settings = getSharedPreferences(User, 0);

settings. edit(). putInt(YesOrNot_M, 1). commit();

利用 Intent 向一个 Activity 传值,把各种信息都传递过去,使 Activity 进行剩余的数据库操作。

当判断不是来自黑名单时,将上述的 YesOrNot_M 设为 0。

Service 处理完数据后,SharedPreferences 里的标志位被赋值了,额外创建一个接收同样是短信的 Broadcast 接收器,但是将优先级设置为 999,仅次于第一个 Broadcast 接收器,该 Broadcast 接收器判断 SharedPreferences 文件中的标志位,如果是需要拦截的,就利用 abortBroadcast 对这个 Telephony. SMS_RECEIVED 的 Broadcast 进行拦截,这样系统的短信程序就收不到此短信了。如果不需要拦截就正常放行。

垃圾短信界面如图 11.7 所示,同样以 ListView 的形式显示所有的已拦截的短信记录,包括来信人号码、短信内容和来信时间,用户可以通过点击任意一条记录进行回复(回复短信界面),也可以通过点击菜单键选择是否清空垃圾短信记录。

(6)骚扰电话

过滤电话和拦截短信的方法比较接近,该功能也由 BroadcastReceiver 监听 Broadcast,传递参数给 Service 进行处理的机制。Android 中对于电话的操作需要在工程里加入两个文件:NeighboringCellInfo. aidl 和 Itelephony. aidl。第一个是需要下载到工程中的"证书",只有具备了这个"证书"才能进行电话的操作,第二个是操作该"证书"的接口,里面定义了各种操作电话的方法,方便了在 Service 中调用。

图 11.7　垃圾短信界面

在 AndroidManifest. xml 文件中注册 Broadcast 接收器的核心代码：

```
< receiver android:name = " com. AllBroadcast. BroadcastJie" >
    < intent - filter android:priority = "999" >
    < action android:name = " android. intent. action. PHONE_STATE"/ >
    < action android:name = " android. intent. action. NEW_OUTGOING_CALL" / >
    < action android:name = " android. intent. action. BOOT_COMPLETED" / >
    </intent - filter >
</receiver >
```

Service 的核心代码：

```
tManager = ( TelephonyManager) getSystemService( TELEPHONY_SERVICE) ;
cpListener  = new CustomPhoneCallListener( ) ;
// 通过 TelephonyManager 监听通话状态的改变
tManager. listen( cpListener, PhoneStateListener. LISTEN_CALL_STATE) ;
IBinder binder  = ( IBinder) method. invoke( null,
new Object[ ] { TELEPHONY_SERVICE }) ;
// 将 IBinder 对象的代理转换为 ITelephony 对象
ITelephony telephony  = ITelephony. Stub. asInterface( binder) ;
// 挂断电话,这样可以实现直接挂断电话,而非在通了若干秒后才挂断,以避免造成不
```

必要的困扰

```
telephony. endCall( ) ;
```

骚扰电话界面如图 11.8 所示,以 ListView 的形式显示所有的
已拦截电话记录,包括来电人号码和来电时间,用户可以通过点击
任意一项来进行回拨电话,或者点击菜单键选择是否清空骚扰电
话记录。

（7）黑名单

黑名单的特点是大量的同类数据,字段少但是记录多,因此适
合采用 SQLite 存储。写一个继承了 SQLiteOpenHelper 基类的类,
利用 SQLite 创建数据库,在 onCreate(Bundle)方法中创建数据库表
的 SQL 语句,然后用 execSQL(String)方法执行 SQL 语句,在该类
中写关于数据库增删改查的方法。

图 11.8　骚扰电话界面

值得注意的是,插入和删除是写操作,需要定义 db = this. get-
WritableDatabase( ),而查询是读操作,因而需要定义 db = this. ge-
tReadableDatabase( )。在查询功能中,定义的方法是 Cursor 类型的,需要返回一个游标,因此,
方法中创建 Cursor c = db. rawQuery(sql, null)对象,即指向按照 SQL 语句查询出来的结果
集。删除和修改的方法与创建的方法较为类似,不同的是,创建表的语句需要写在该类的 on-
Create(Bundle)方法下作为第一次运行就进行创建,而其他的都是另外声明。

在数据库操作完了之后,需要进行关闭,核心代码如下：

```
public void close( ) {
    if( db ！ = null)
        db. close( ) ;
}
```

黑名单界面如图 11.9 所示。

图 11.9 中,查看黑名单以 ListView 的形式显示从数据库中查找出来的黑名单数据,用户可点击任何一条记录进入修改黑名单界面,修改黑名单界面拥有两个 EditView 以显示由查看黑名单界面发送过来的黑名单联系人昵称和手机号码,用户可对其进行修改、删除。添加黑名单包括通讯录添加和手动添加两种。

除此之外,在浏览骚扰电话记录时,点击相应的电话记录即可直接回拨电话。回复短信的功能在反馈 GPS 信息和报警时都有涉及,在浏览垃圾短信记录时,点击相应的短信记录即可进入回复短信的界面进行回复。

回复电话的核心代码:

caller = c. getString(c. getColumnIndex("caller")) ;

图 11.9　黑名单界面

Intent myIntentDial ＝ new Intent (" android. intent. action. CALL" , Uri. parse("tel:" + caller)) ;

//在 startActivity(Intent)方法中带入自定义的 Intent 对象以执行拨打电话的工作

startActivity(myIntentDial) ;

以上所有的代码都是在 Cursor 返回对象结果集的 onItemClick 方法中实现。

回复短信时,利用 Pattern 和 Matcher 对电话号码的格式进行判断,并且利用两个正则表达式规定格式,它们分别是:

String expression = "^\(? (\d{3})\) ? [－] ? (\d{3}) [－] ? (\d{5}) $ " ;

String expression2 = "^\(? (\d{3})\) ? [－] ? (\d{4}) [－] ? (\d{4}) $ " ;

此外需要检查短信的内容是否超过 70 个字符,如果超过则不能发送且提示。

发送短信需要调用系统的短信服务,核心代码如下:

SmsManager smsManager = SmsManager. getDefault( ) ;

……

PendingIntent mpi = PendingIntent. getBroadcast(ReplyMessage. this, 0, new Intent( ), 0) ;

smsManager. sendTextMessage(strDestAddress, null, strMessage, mpi, null) ;

回复垃圾短信界面如图 11.10 所示,回复骚扰电话界面如图 11.11 所示。

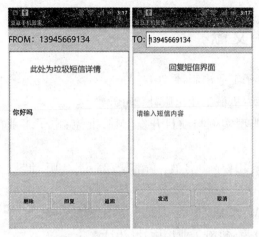

<table>
<tr><td>图 11.10　回复垃圾短信界面</td><td>图 11.11　回复骚扰电话界面</td></tr>
</table>

在黑名单中,系统可以自动补全姓名。该功能需要利用 Android 中一个非常灵活的组件 AutoCompleteTextView,它可以根据用户的输入快速搜索 Adapter 适配器中的内容并显示。核心代码如下:

```
// 取得 ContentResolver
ContentResolver content  = getContentResolver();
// 取得通讯簿的 Cursor
contactCursor  = content. query(
ContactsContract. CommonDataKinds. Phone. CONTENT_URI, PEOPLE_PROJECTION, null,
null, "");
// 将 Cursor 传入自实现的 ContactsAdapter
myContactsAdapter  = new ContactsAdapter( this, contactCursor);
myAutoCompleteTextView. setAdapter( myContactsAdapter);
```

如图 11.12 所示,可以实现在输入框中输入时自动搜索符合条件的联系人。

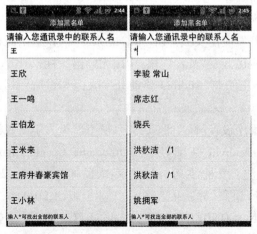

图 11.12　自动搜索符合条件的联系人

参考文献

[1] 柯元旦. Android 内核剖析[M]. 北京:电子工业出版社,2011.

[2] 汪永松. Android 平台开发之旅[M]. 北京:机械工业出版社,2010.

[3] 吴亚峰,杜化美,苏亚光. Android 编程典型实例与项目开发[M]. 北京:电子工业出版社,2011.

[4] BURNETTE E D. Android 基础教程[M]. 田俊静, 张波, 黄湘情,等,译. 2 版. 北京:人民邮电出版社,2011.

[5] 盖索林. Google Android 开发入门指南[M]. 2 版. 北京:人民邮电出版社,2009.

[6] 林城. Android 2.3 应用开发实战[M]. 北京:机械工业出版社,2011.

[7] 李佐彬. Android 开发入门与实战体验[M]. 北京:机械工业出版社,2011.

[8] 苗忠良, 宛斌. Android 多媒体编程从初学到精通[M]. 北京:电子工业出版社,2011.

[9] 王向辉, 张国印, 沈洁. Android 应用程序开发[M]. 北京:清华大学出版社,2010.

[10] RETO MEIER. Android 高级编程[M]. 王鹏杰, 霍建同,译. 北京:清华大学出版社,2010.

[11] E2ECloud 工作室. 深入浅出 Google Android[M]. 北京:人民邮电出版社,2009.

[12] FRANK ABLESON W, COLLINS CHARLIE, SEN ROBI. Google Android 揭秘: a developer's guide[M]. 张波, 高朝勤, 杨越,等,译. 北京:人民邮电出版社,2010.

[13] STEELE JAMES,TO NELSON Android 开发秘籍[M]. 李青, 王瑜, 赵丞兵,译. 北京:人民邮电出版社,2011.

[14] 郭宏志. Android 应用开发详解[M]. 北京:电子工业出版社,2010.

[15] 余志龙. Google Android SDK 开发范例大全[M]. 2 版. 北京:人民邮电出版社,2010.

[16] 杨文志. Google Android 程序设计指南[M]. 北京:电子工业出版社,2009.

[17] BURNETTE ED. Android 基础教程:introducing Google's mobile development platform[M]. 张波, 高朝勤, 杨越,等,译. 北京:人民邮电出版社,2009.

[18] 张元亮. Android 开发应用实战详解[M]. 北京:中国铁道出版社,2011.

[19] 隆益民. Android 应用开发[M]. 广州:中山大学出版社,2010.

[20] 张利国, 龚海平, 王植萌. Android 移动开发入门与进阶[M]. 北京:人民邮电出版社,2009.

[21] 柯元旦. Android 程序设计[M]. 北京:北京航空航天大学出版社,2010.

[22] BURNETTE ED. Android 基础教程:introducing Google's mobile development platform[M]. 田俊静, 张波, 黄湘情,等,译. 北京:人民邮电出版社,2010.

[23] 李刚. 疯狂 Android 讲义[M]. 北京:电子工业出版社,2011.

[24] DARCEY LAUREN, CONDER SHANE. Android 移动开发一本就够[M]. 李卉, 张魏, 祝延彬,译. 北京:人民邮电出版社,2011.

[25] 张利国, 代闻, 龚海平. Android 移动开发案例详解[M]. 北京:人民邮电出版社,2010.

［26］　靳岩,姚尚朗. Google Android 开发入门与实战［M］. 北京:人民邮电出版社,2009.

［27］　李宁. Android/OPhone 开发完全讲义［M］. 北京:中国水利水电出版社,2010.

［28］　蒋耘晨. Android 系统原理和实战应用［M］. 北京:北京理工大学出版社,2011.

［29］　CONDER SHANE, DARCEY LAUREN. Android 移动应用开发从入门到精通［M］. 张魏,李卉,译. 北京:人民邮电出版社,2010.

［30］　王家林. 大话企业级 Android 应用开发实战［M］. 北京:电子工业出版社,2011.